這是一本倒著來的書，當你進行這些活動時，必須頭尾顛倒、前後相反的思考，現在，讓你的腦袋瓜子準備就緒，如果你是右撇子，用左手寫出下面的訊息；如果你是左撇子，就用右手寫。

我承諾在使用KOOB時絕對會反向思考。

━ ━ ━ ━ ━ ━ ━ ━ ━ ━ ━ ━ ━ ━ ━ ━

━ ━ ━ ━ ━ ━ ━ ━ ━ ━ ━ ━ ━ ━ ━ ━

簽名：＿＿＿＿＿＿＿＿＿＿＿＿

（希望你是倒著寫你的名字）

鏡子

畫一個 鏡子，本題答案以下格方。

① 沿虛線，用剪刀剪下一半

② 沿虛線剪下來貼

③ 沿虛線剪下來貼

④ 沿包邊，用彩色花紙剪成人物臉，用剪刀沿虛線剪下來貼。

用**腳趾**

夾著鉛筆在這頁作畫。

寫下 祕密 訊息然後……

①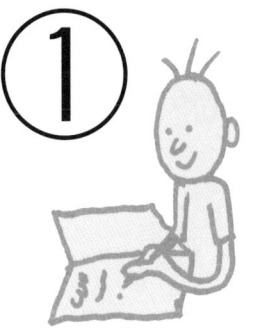

②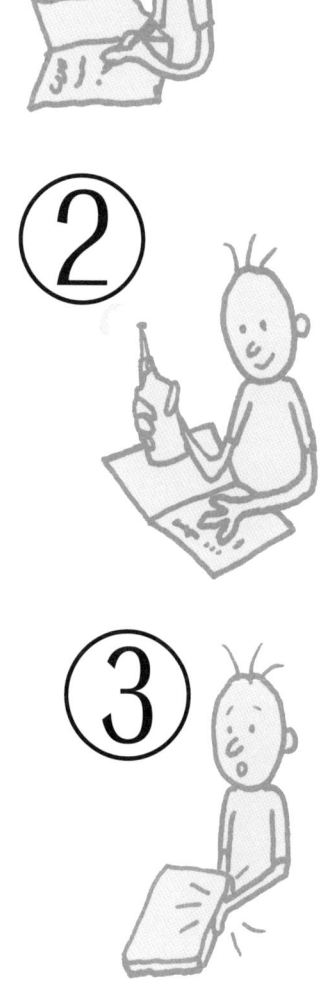

③

用膠水把它黏回座墊裡，再放好。

膠水

依相反的順序
寫出左右相反的字母。

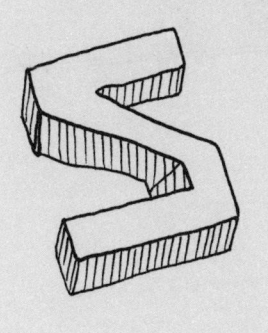

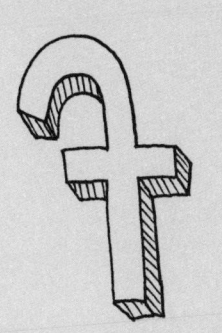

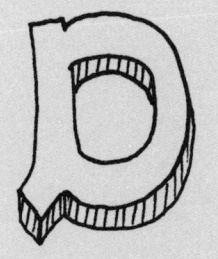

撕下

這頁，

試試看

你可以

對摺

多少次。

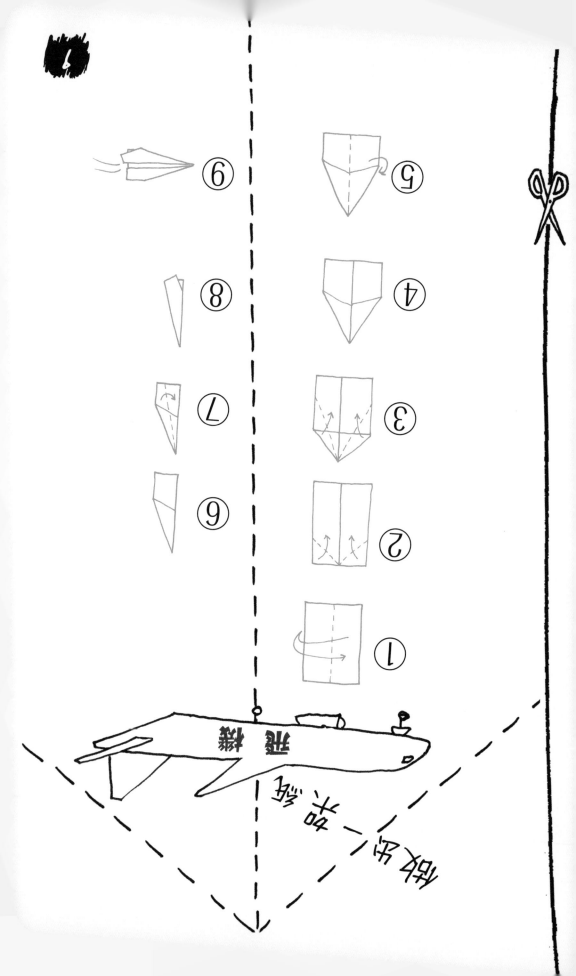

你能認得出面前這兩個大小的「小小」影子嗎？

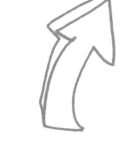

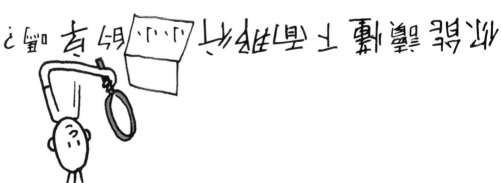

顏色的深淺是因為表皮層黑色素的多寡來決定的嗎？

會跟頭髮的顏色一樣嗎！

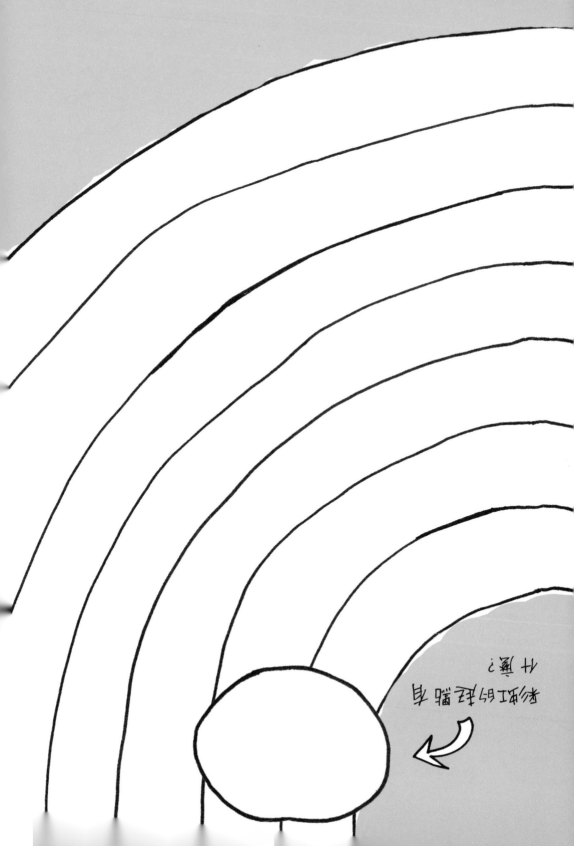

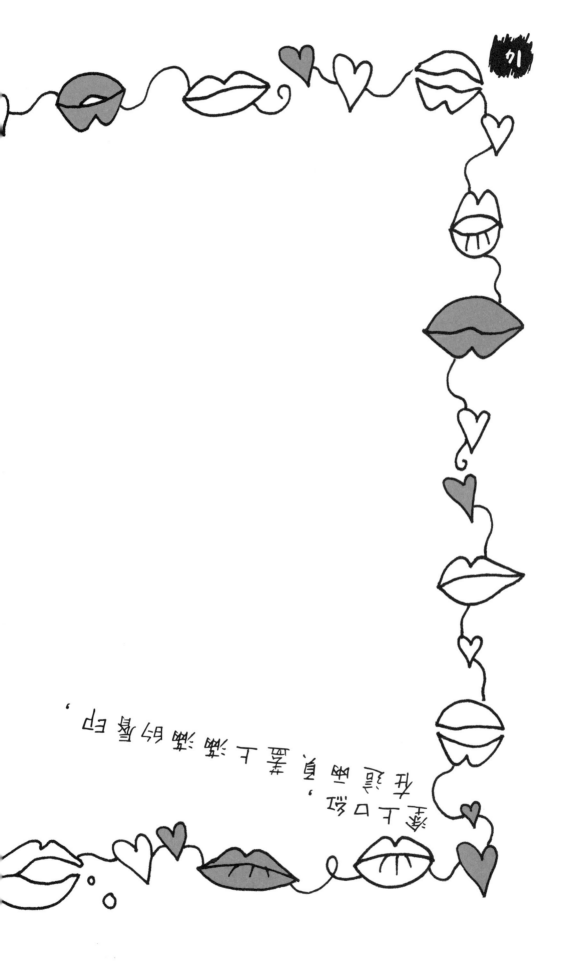

爱上口红，我就爱上满满的唇印。

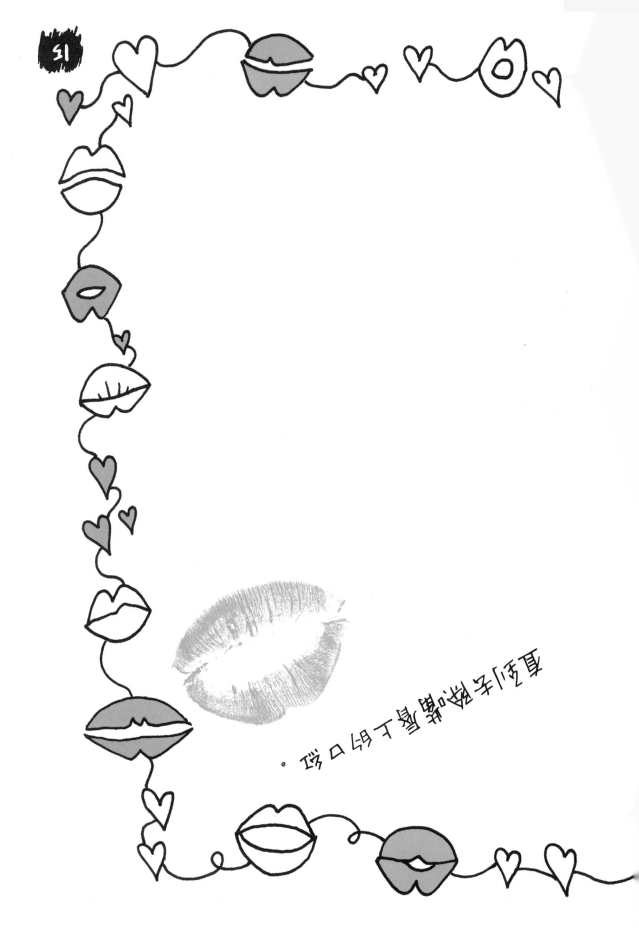

夏[天可以塗咖啡色口紅。

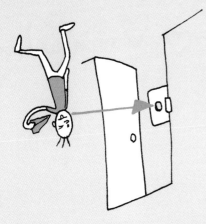

將這頁的一邊貼在打開的門框上，然後試著讓你的紙飛機飛越過這個圓圈。撕下這頁後，將它黏起來的圓圈，

真上癮！

在這頁上色……

……但別忘了改句話考。

所以將這頁留白，

以在周圍塗色吧。

結合兩種不同水果，創造新品種。
畫下來後，別忘了幫它們命名喔。

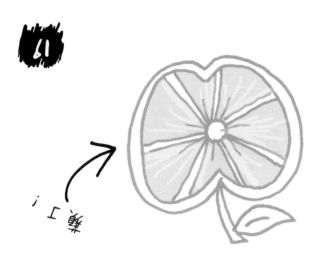

61

鮮工江

將這個跨頁拿去摩擦樹幹，
拓印出下面這些物件的紋路吧！

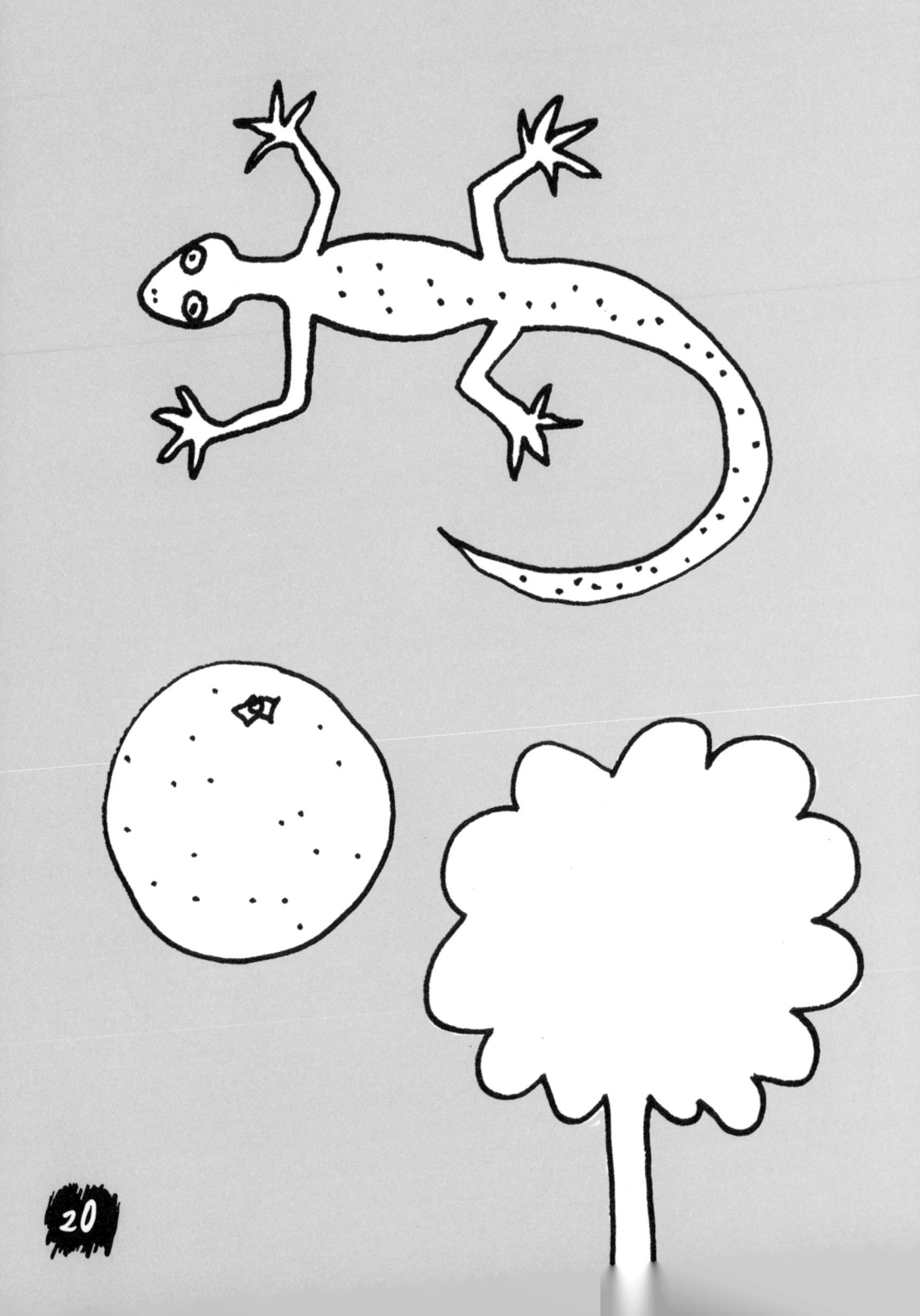

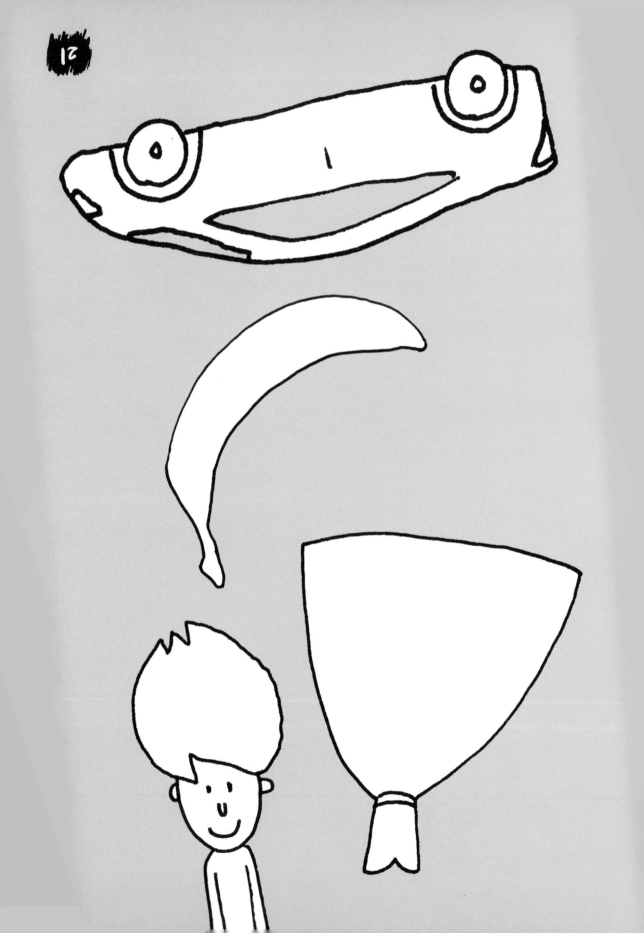

用小圖形畫出
一個大圖形。

每一種形狀各畫了多少個圖形。

☐

加入所有大大小小的圓點吧。

剪下這兩隻恐龍，
之後再找找哪一頁會用到牠們。

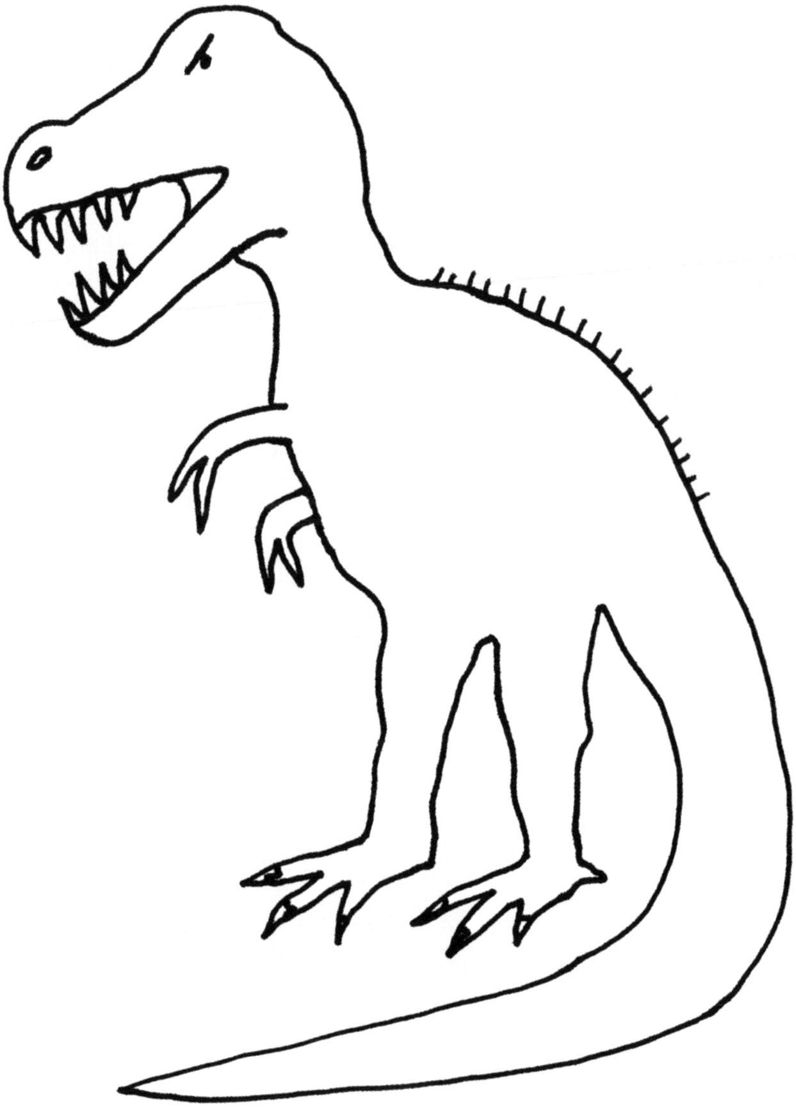

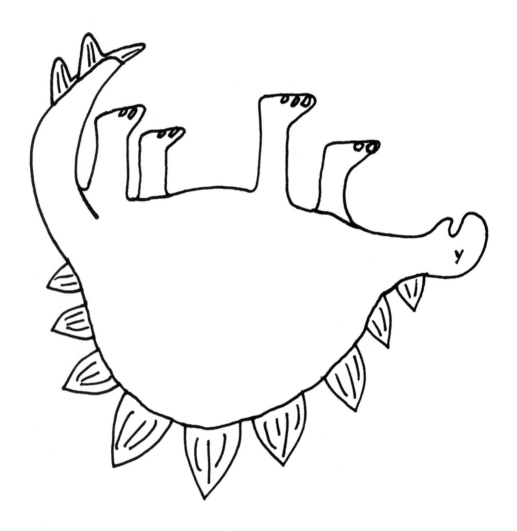

將暴龍紙模型貼在這一頁然後著色，
讓牠看起來像是要咬掉這個人的頭！

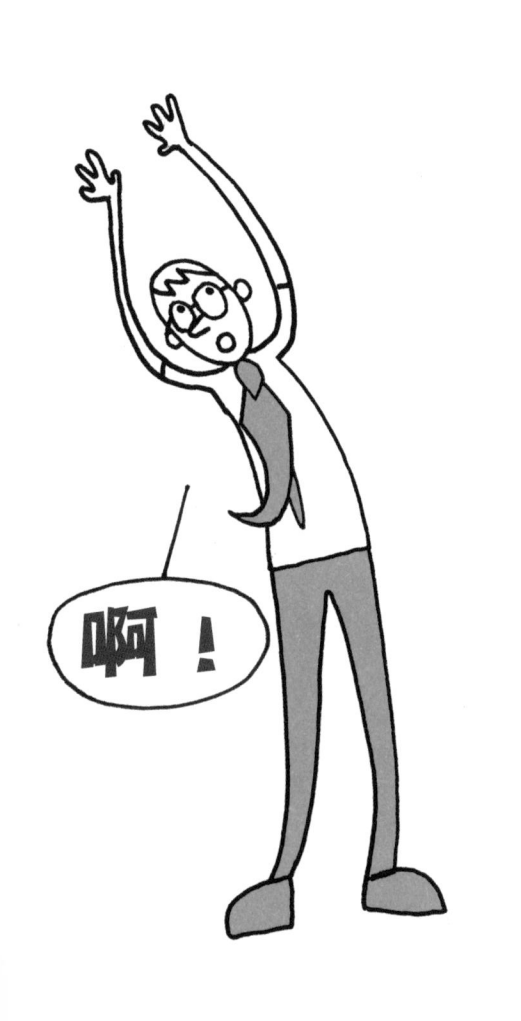

在這幾個大頭裡畫出自己的臉，或是貼上

大頭照

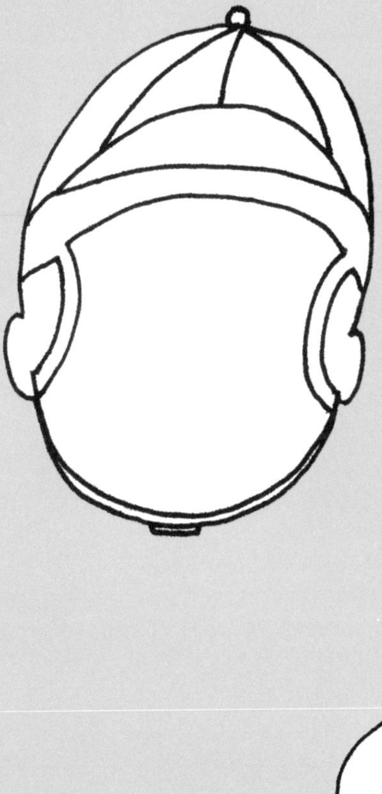

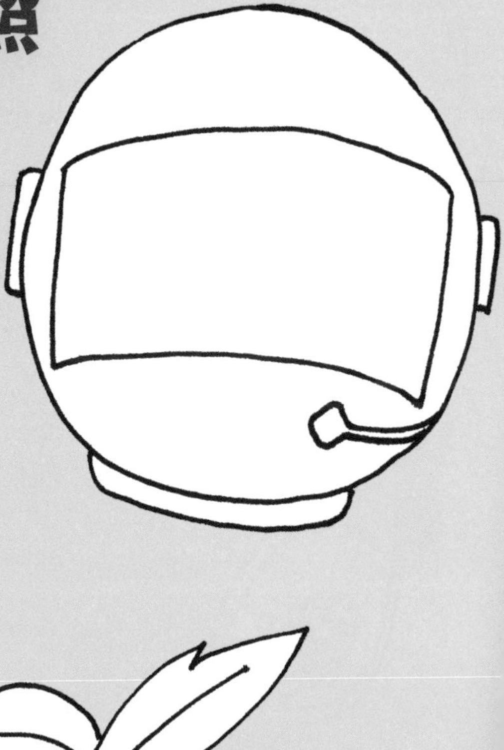

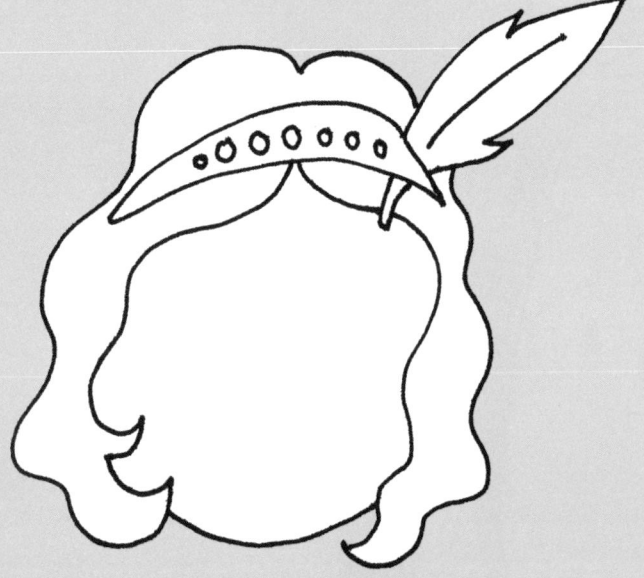

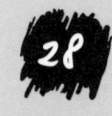

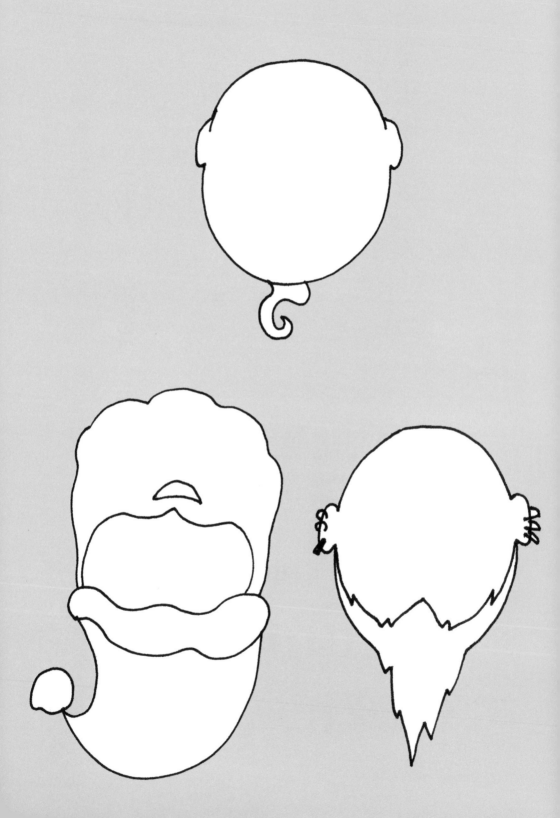

寫出七件本週妳的待辦事項……

① ----------------------------

② ----------------------------

③ ----------------------------

④ ----------------------------
寫完這題就來做做看一項！

⑦ _____

⑥ _____

⑤ _____

……我還不要你畫。

計時畫三次這個花瓶，

看看花了多少時間。

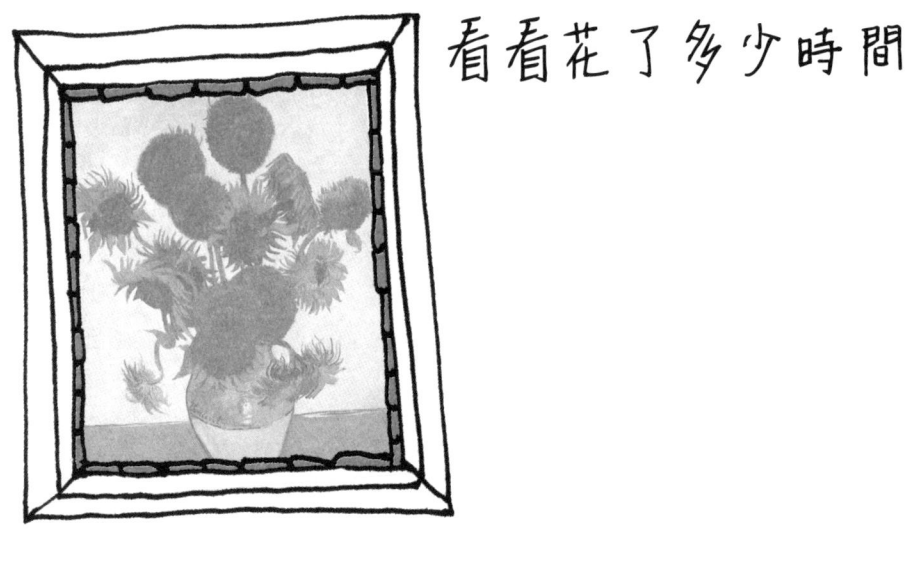

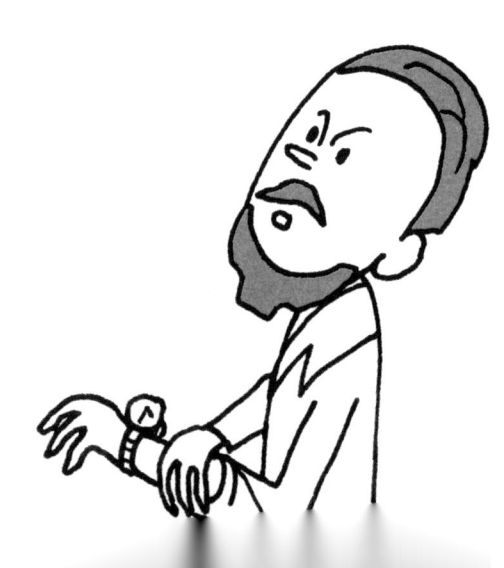

現在把三枝鉛筆捆在一起，
同樣畫花瓶三次，這次花了多久時間？

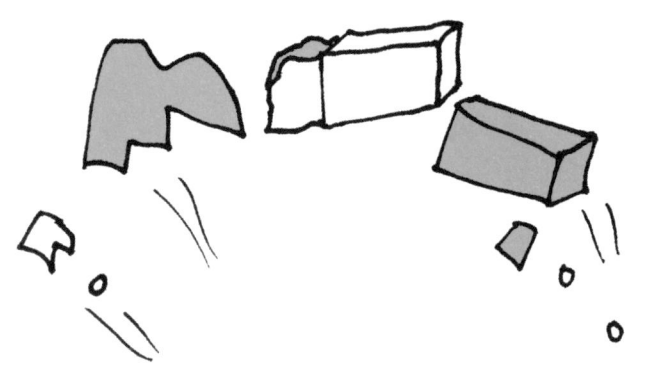
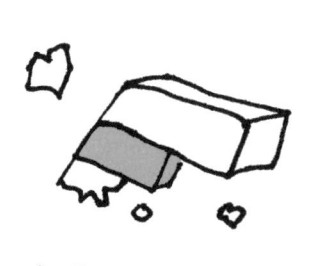
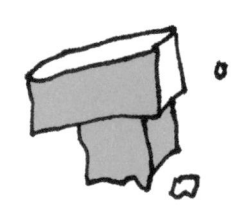

用 **劍龍** 紙模型
在第35頁的中間
切割出劍龍的外形。

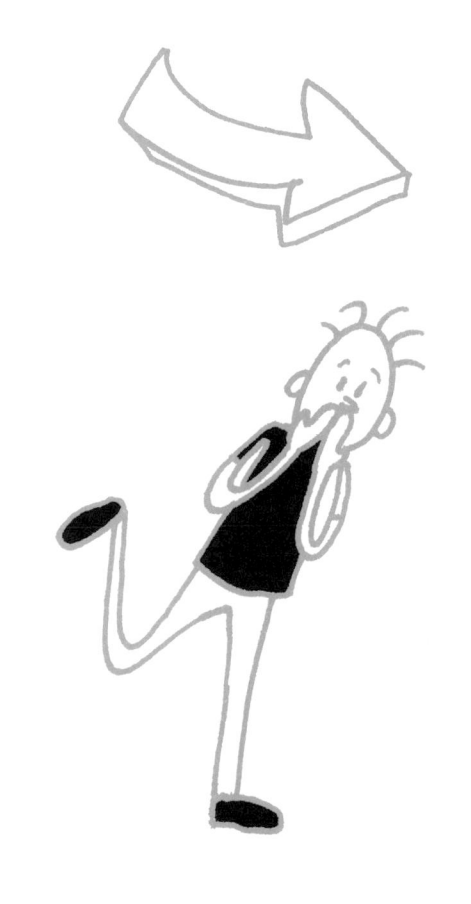

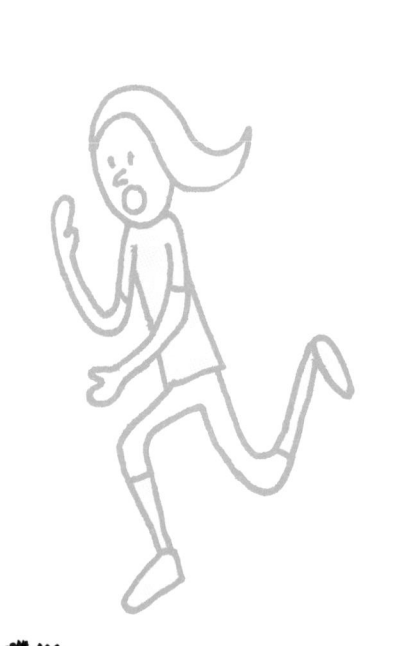

二、在畫斜線處塗上膠水

在這一頁貼上洋蔥皮、橘子皮或是枯樹葉當作恐龍皮膚的紋理。

翻回前一頁，將這兩頁黏合起來，可以看到黏上去的素材讓恐龍變立體了！

在畫斜線處塗上膠水

第 38 至 41 頁裡，每頁都有一個巨大的字母，它們拼起來是什麼單字呢？把它寫下來。

⋯⋯⋯⋯⋯⋯⋯⋯⋯⋯⋯⋯

線索：別忘了上下、前後都顛倒想一想。

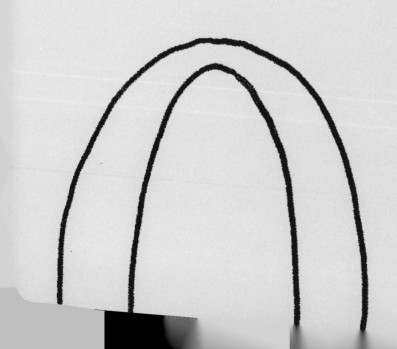

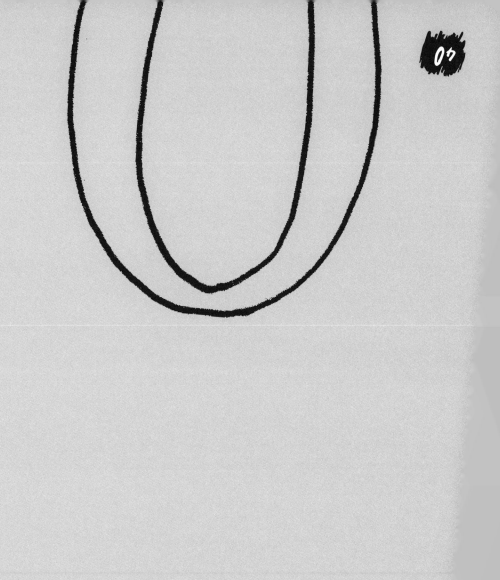

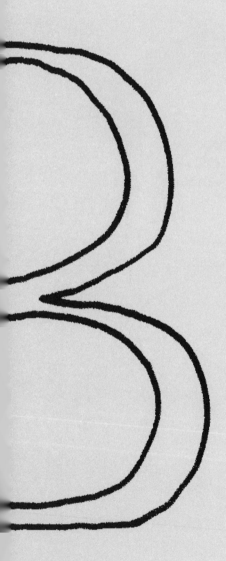

還原蛋糕烤好之前的狀態：畫出加入的材料。

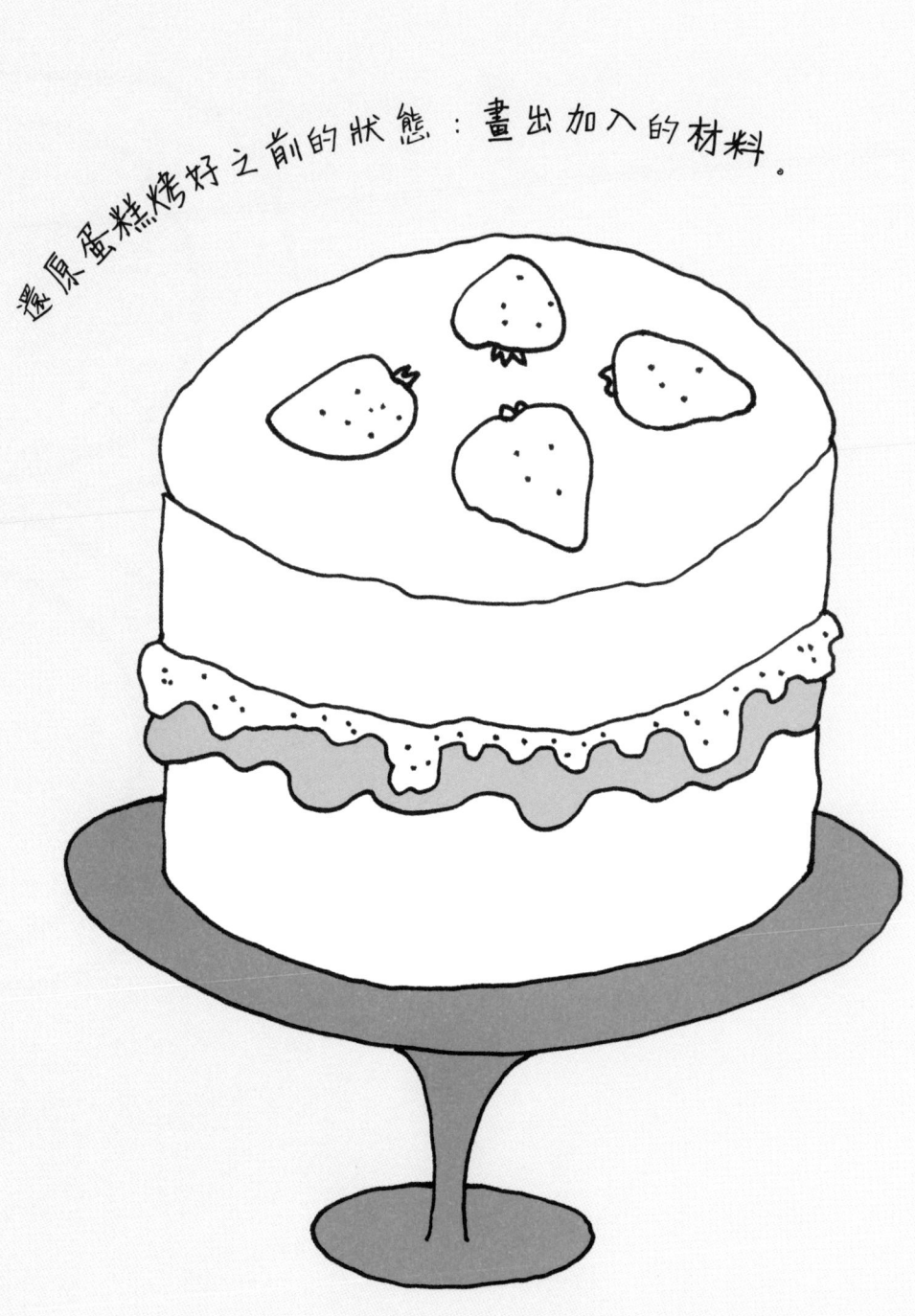

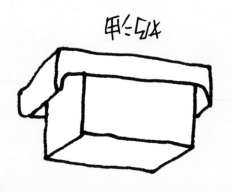

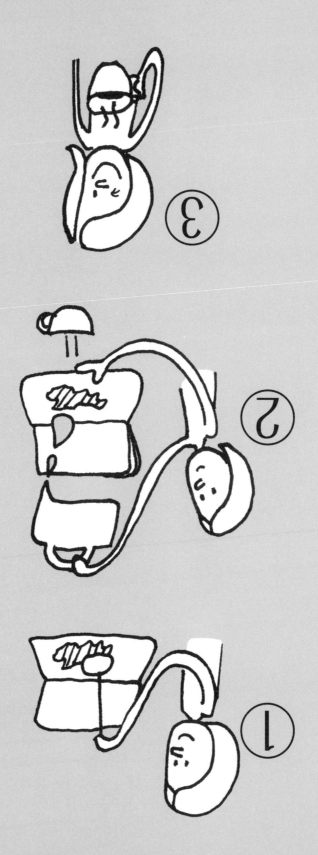

用沙袋做的茶包直接浸入茶里，就像真正泡茶一樣，待水滾之後，直倒入你的保溫瓶裡。

把這頁撕下來，

揉成一團後丟進垃圾桶裡。

撿回這張紙，拜託一位大人幫你燙平，重新貼回KOOB上。

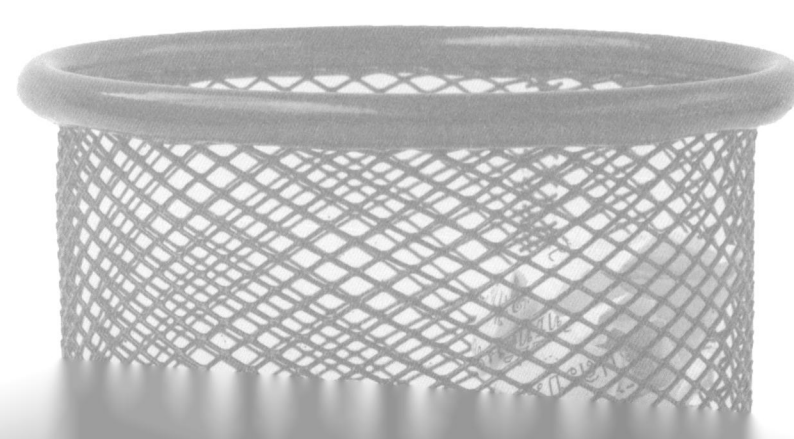

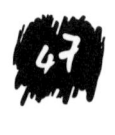

把指甲浸到墨水或在印臺上充分沾染顏料後，在紙上按壓製造反面指印。然後和你的腳趾頭印比較看看。

大拇指　　　食指　　　中指

無名指　　　小指

拇趾　　　二拇趾　　　三拇趾

四拇趾　　　小拇趾

生與死都是人生難免的一種過程，

但是遇到死亡，仍然會令人難過。

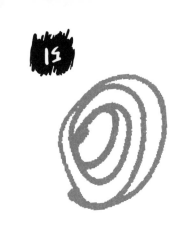

重新設計

KOOB的封面，

假設它

是一本正常，

而不是倒著來的書。

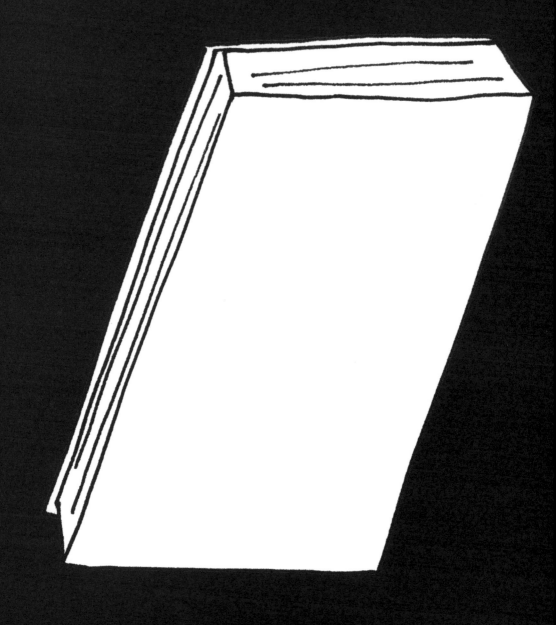

在這兩頁貼上幾段透明膠帶，用簽字筆在膠帶上寫字之後，再把字抹乾淨。

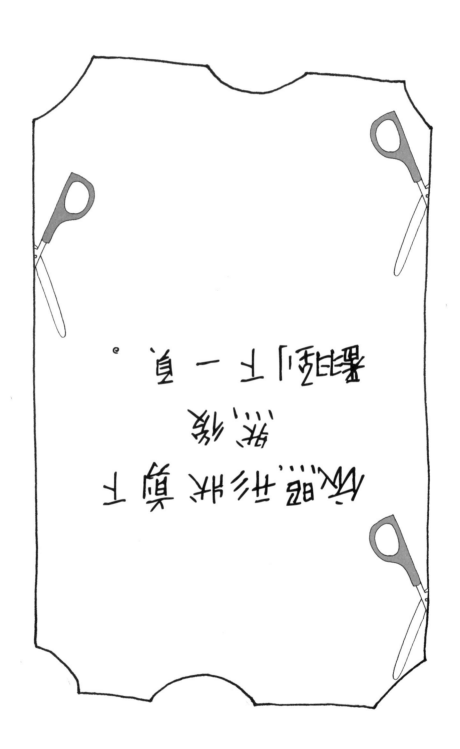

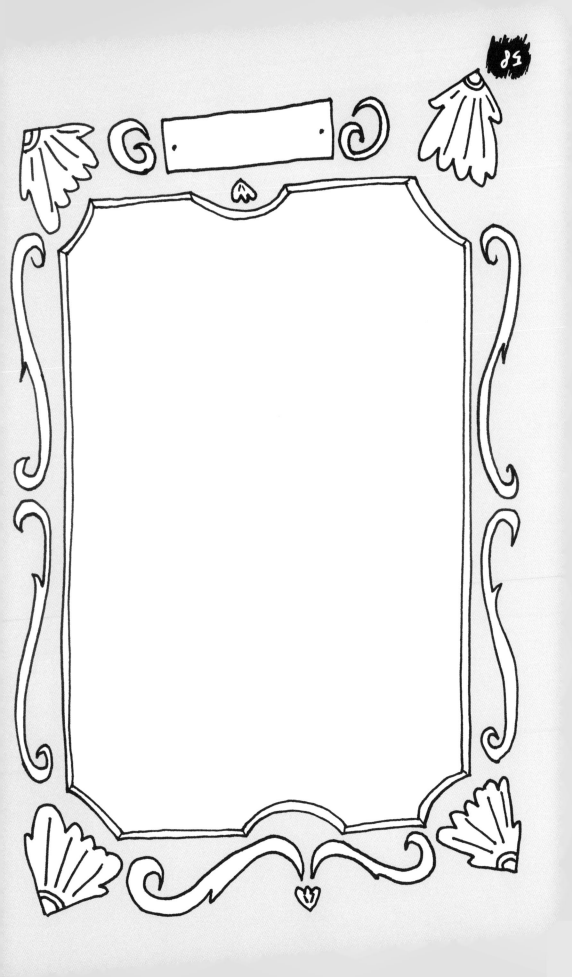

拍一張你把衣服前後穿反

的照片，把它貼在第56頁，

再黏合這頁的相框。

① 將KOOB放在你的身後。

② 拿一面鏡子舉在面前，讓你可以從鏡子裡看到KOOB。

③

寫出你的故事，從此刻開始動筆，
一直寫到你生命的時候。

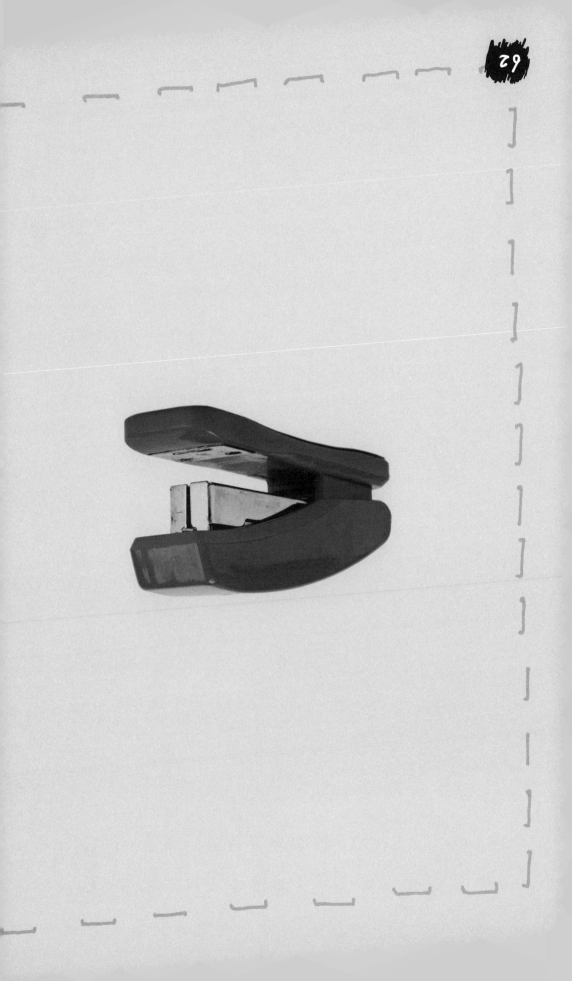

我还想再和你一起。

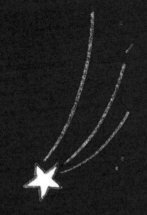

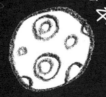

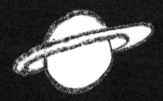

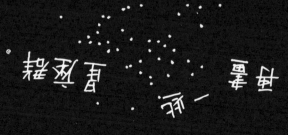

覺得本來就應該的1到」50……

出版的書……它們的書……

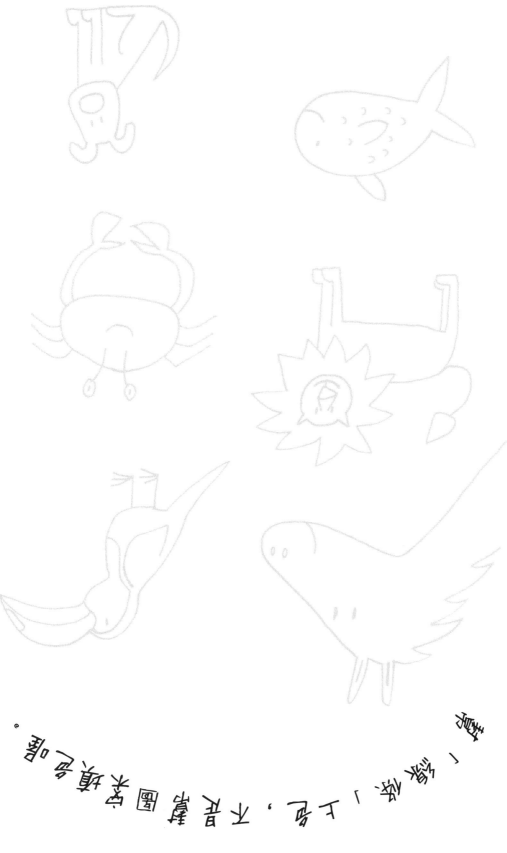

「爸爸」、「上班」，才會讓圖案有很多變化喔。

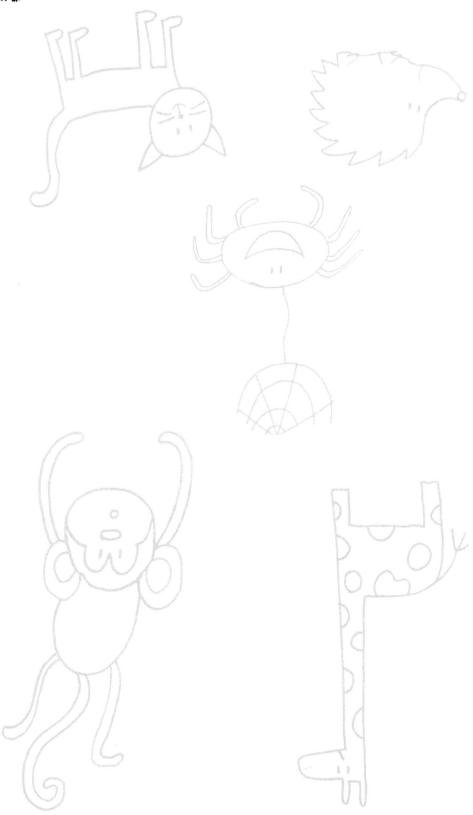

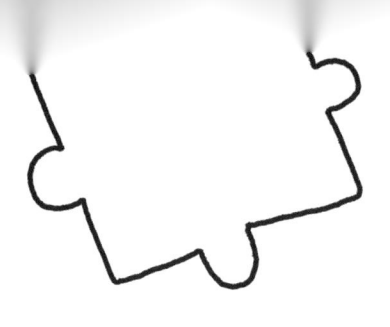
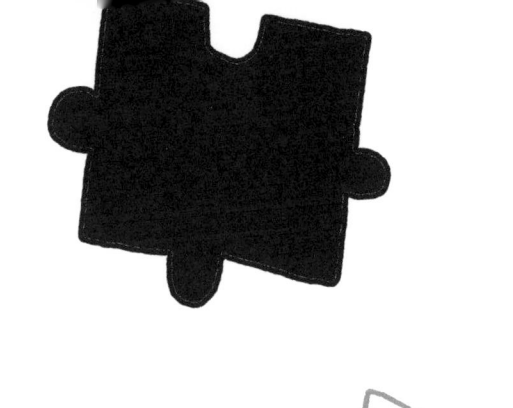

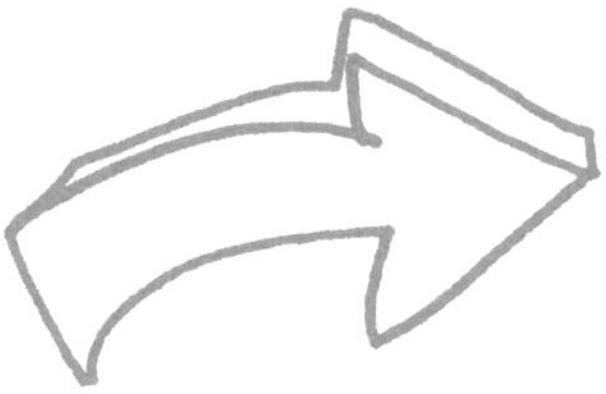

在這頁畫下喜歡的圖案或
場景，然後依照拼圖形狀
一一剪下，再以錯亂的位置
拼貼回KOOB。

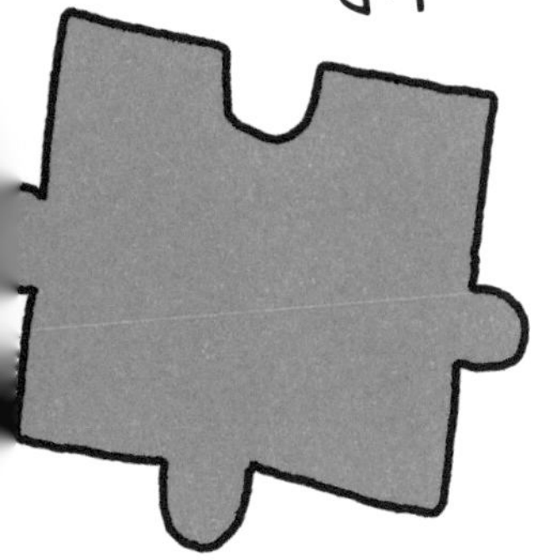

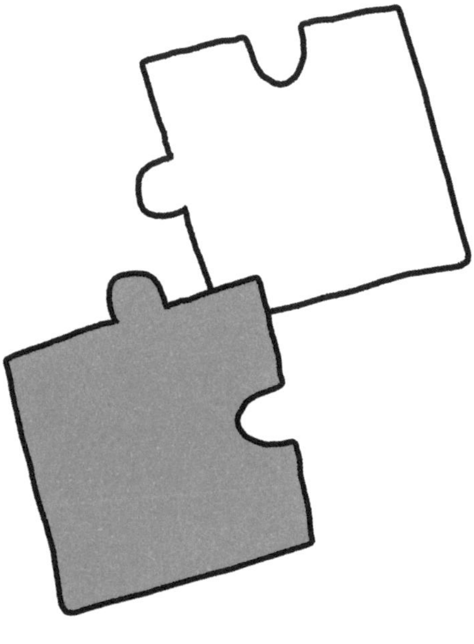

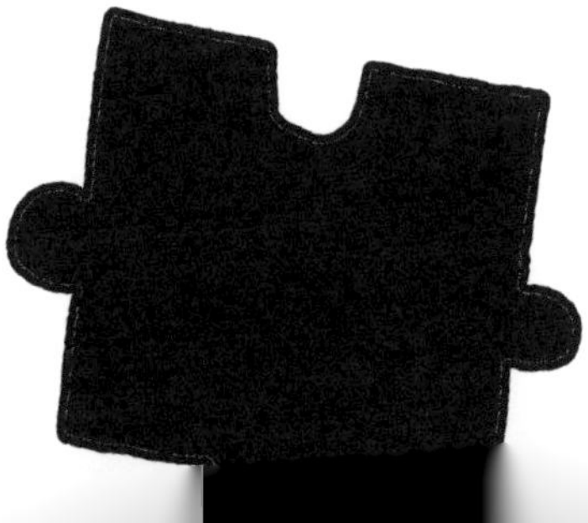

70

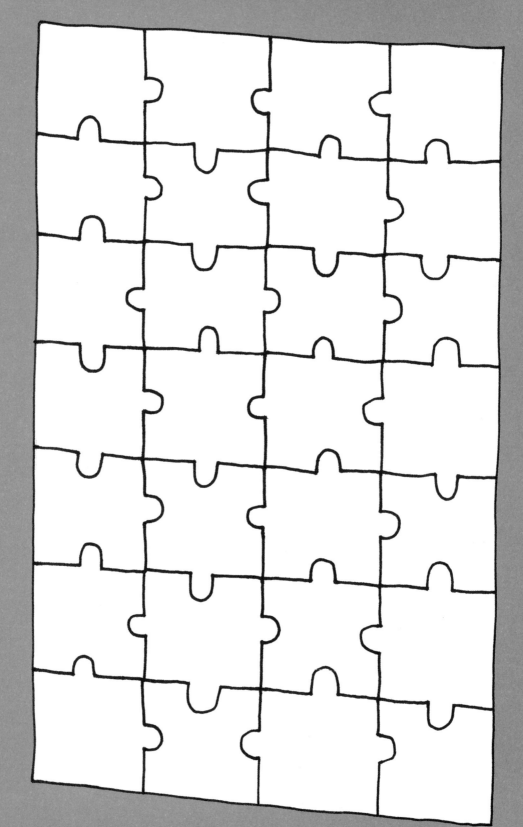

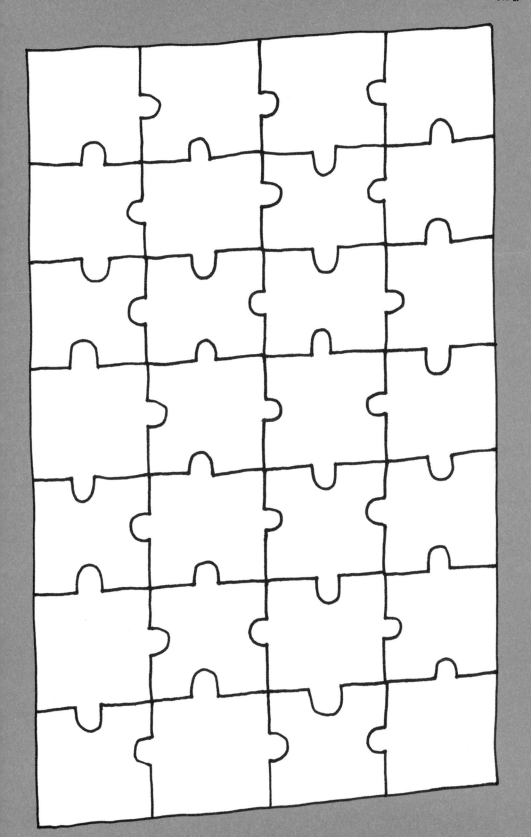

幫业妣榮題暑的掛園陪我曾醒。

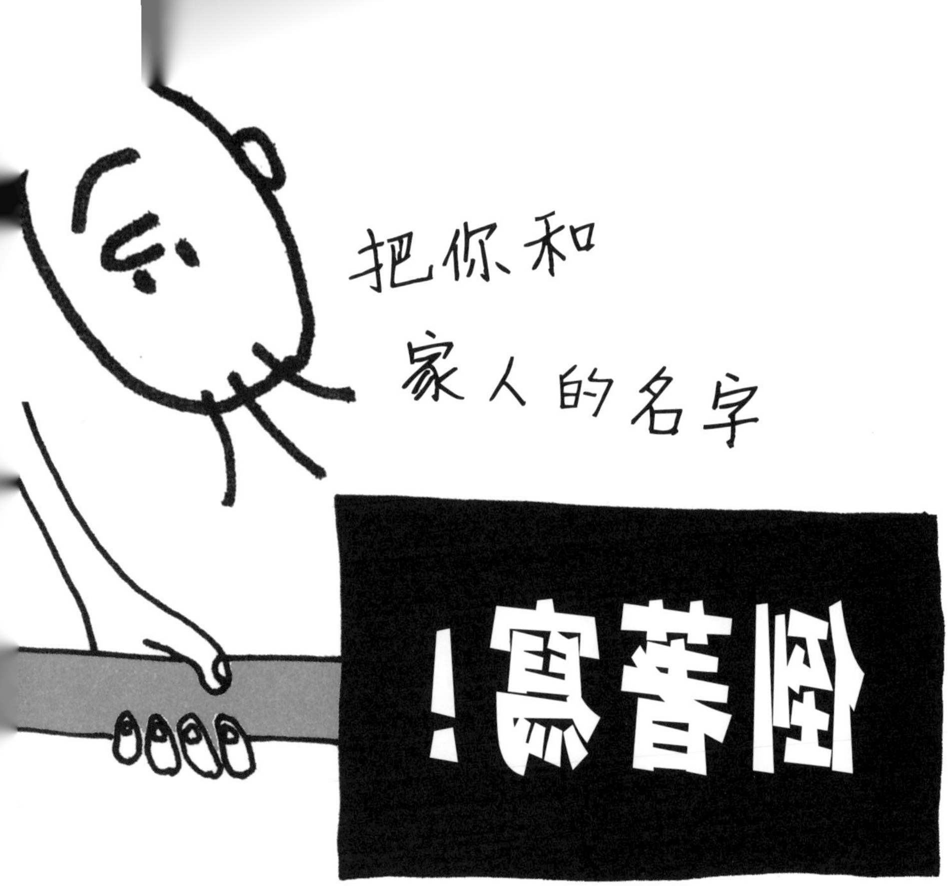

把你和
家人的名字
倒著寫！

把房間裡的十件物品倒著放，
看你的朋友能不能全都找出來！

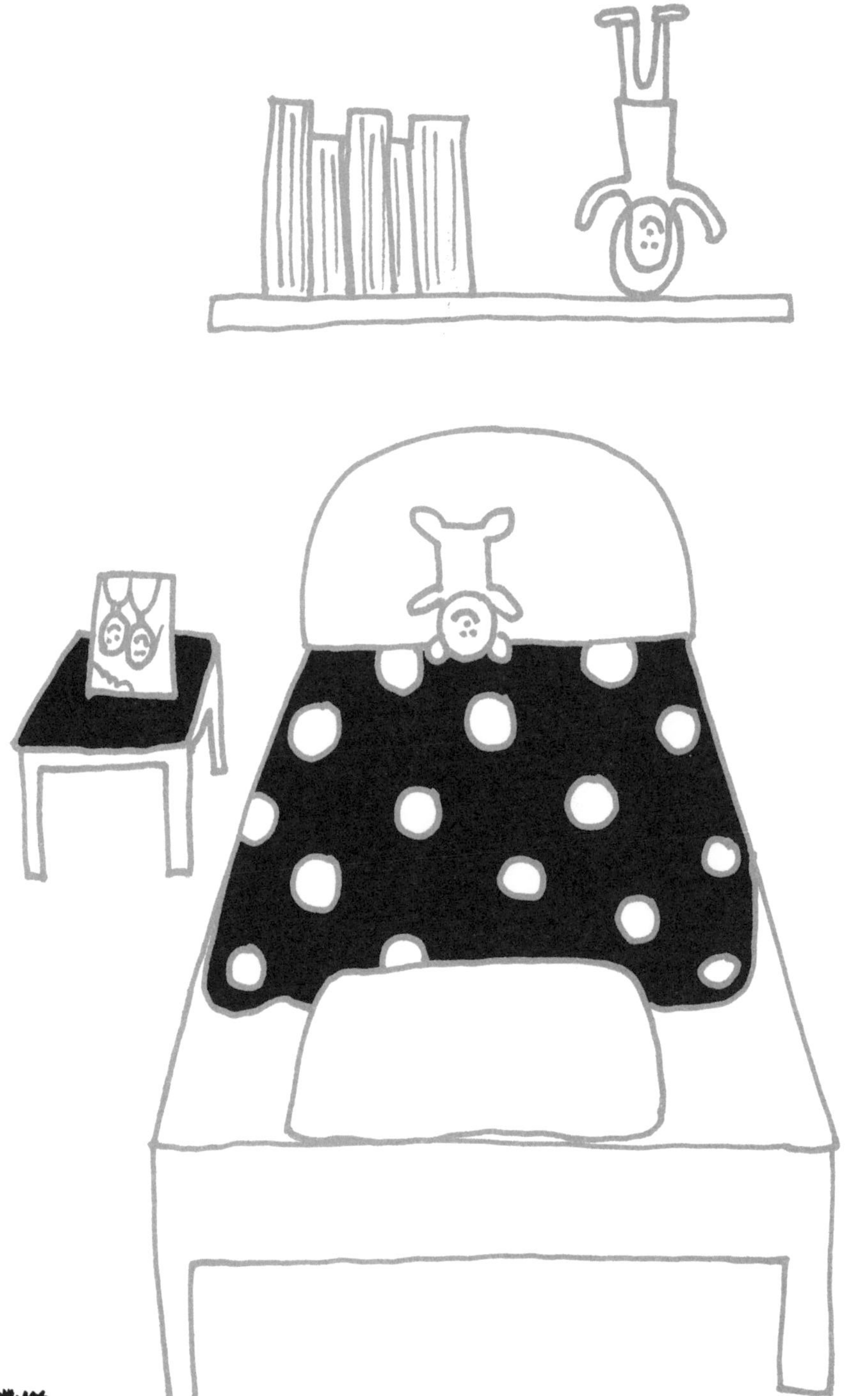

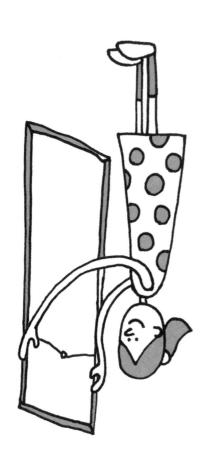
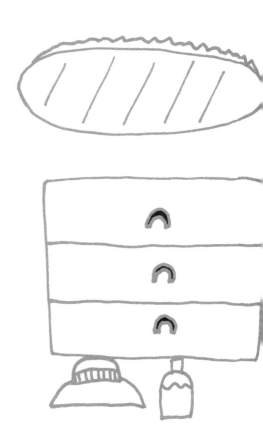
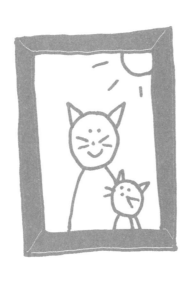
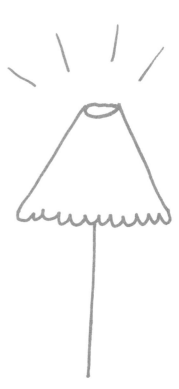

用紙膠帶在這頁隨意黏貼形狀，接著用水彩在頁面上色，要用幾種顏色都可以。水彩乾了以後，撕下紙膠帶，你的現代藝術巨作就完成了！

放**這個**進去，變成**那個**出來。

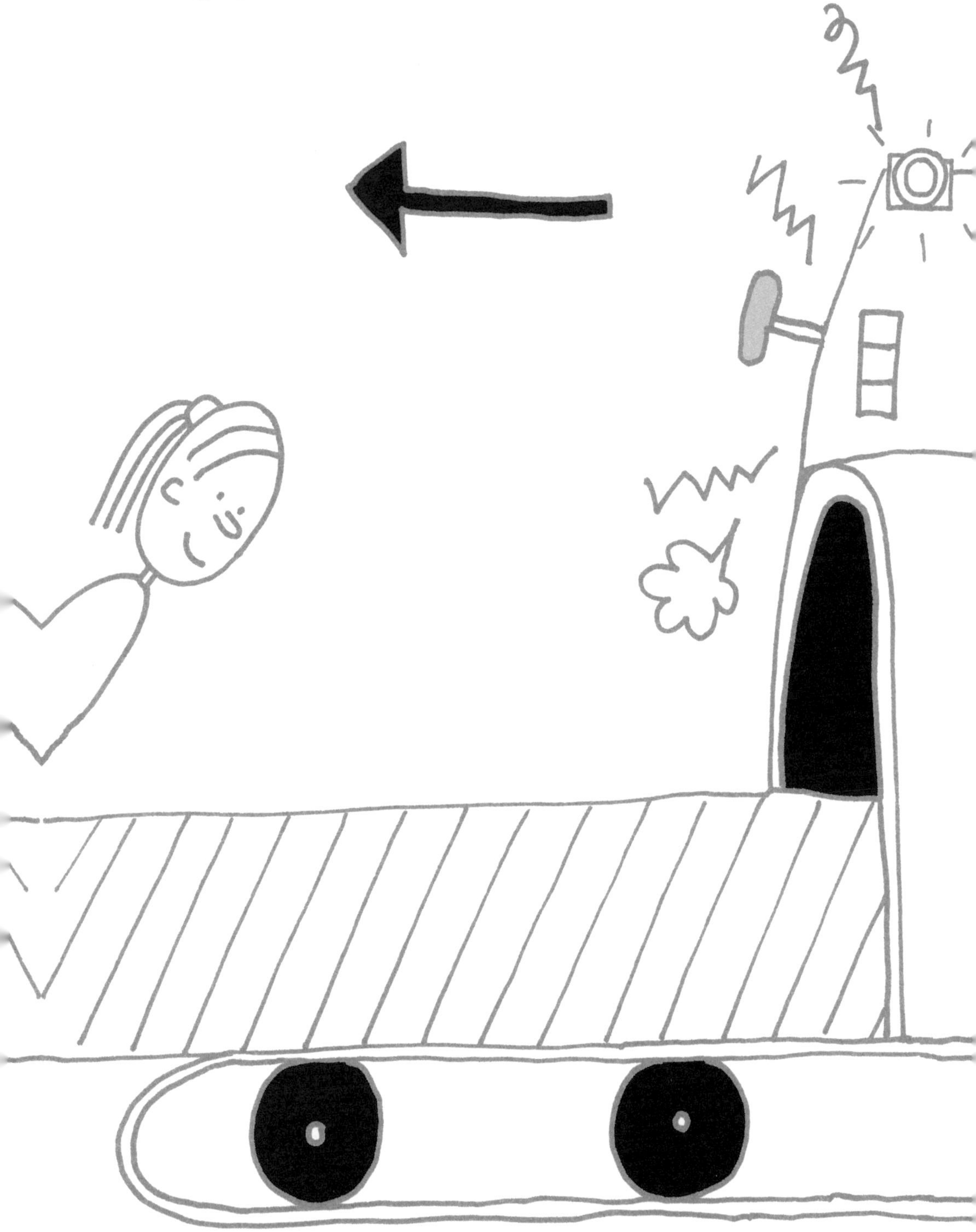

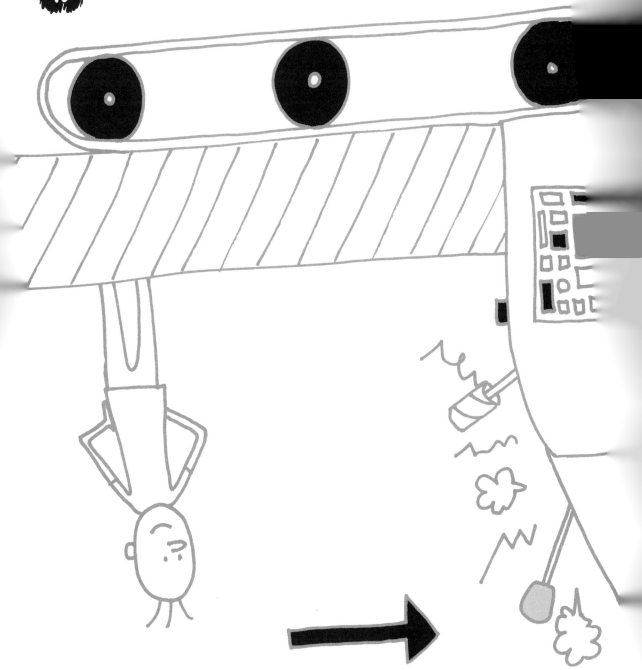

你可以寫出多少個迴文字或詞呢?

「迴文」就是不管正著唸、

倒著唸,都相同的詞或句子。

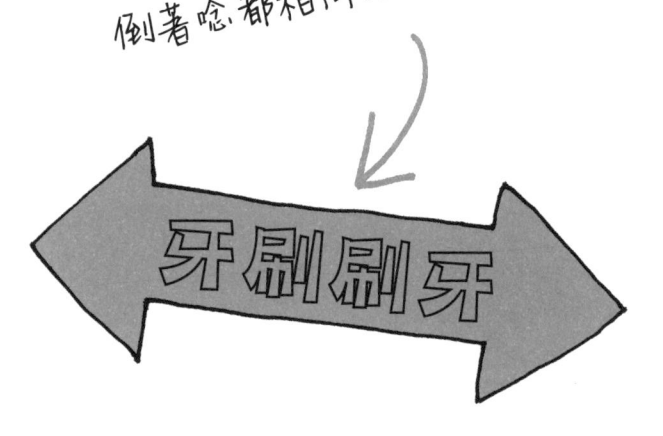

在這個頁面鋪上 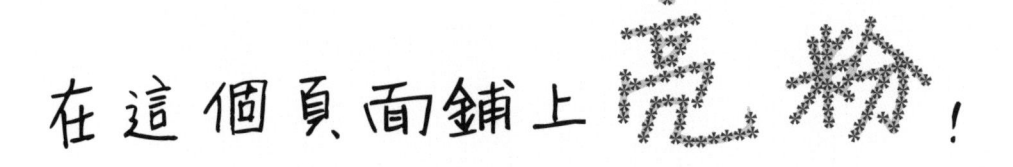 亮粉！

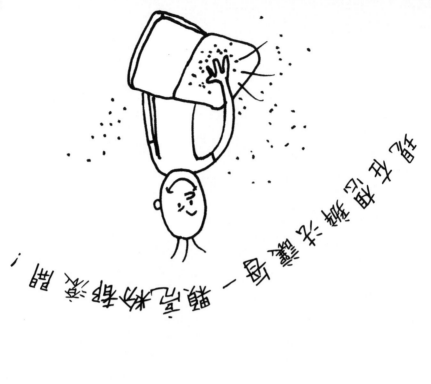

在隔壁那頁畫隻動物後剪下來，
幫牠繫上繩子然後去散步一會兒吧。

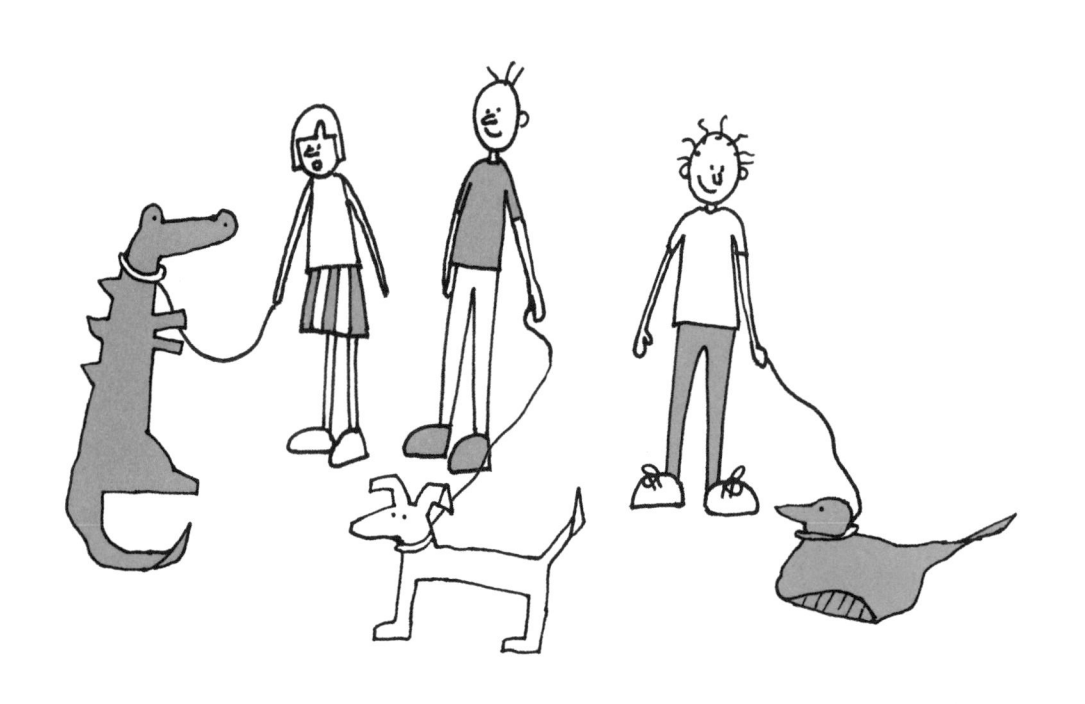

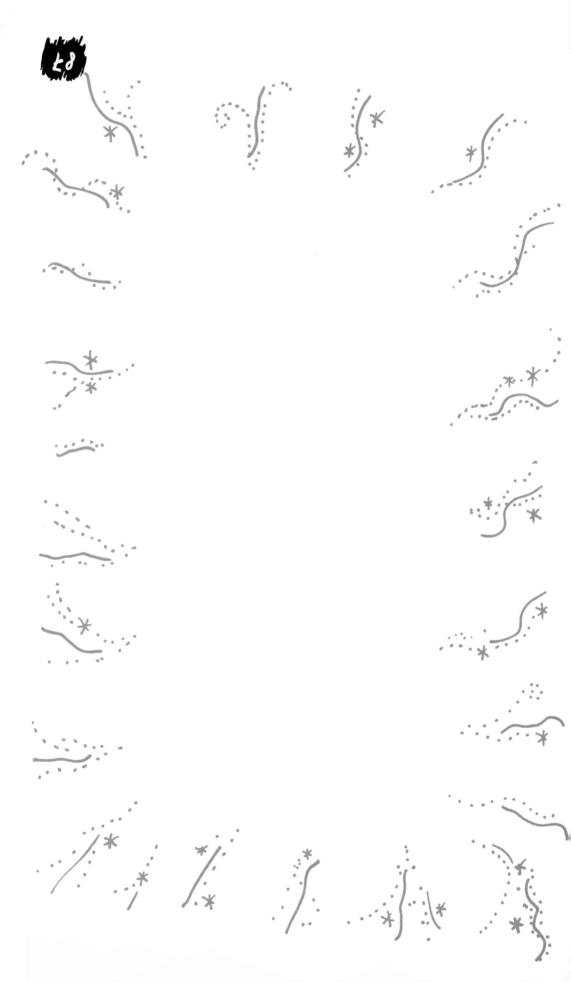

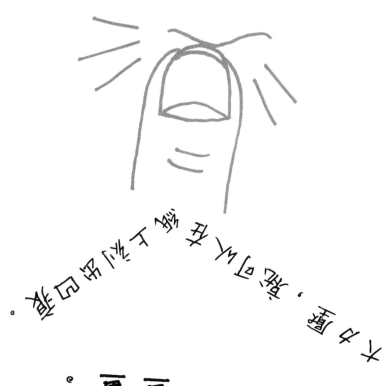

不分晝夜，都可以替我上緊發條。

用最甜的話，

用橡皮擦

擦掉

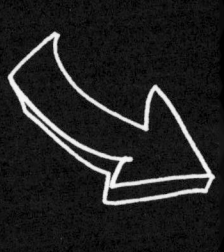

這個大黑點。

要一直擦，

直到擦破

一個洞為止。

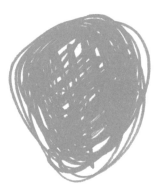

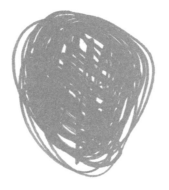

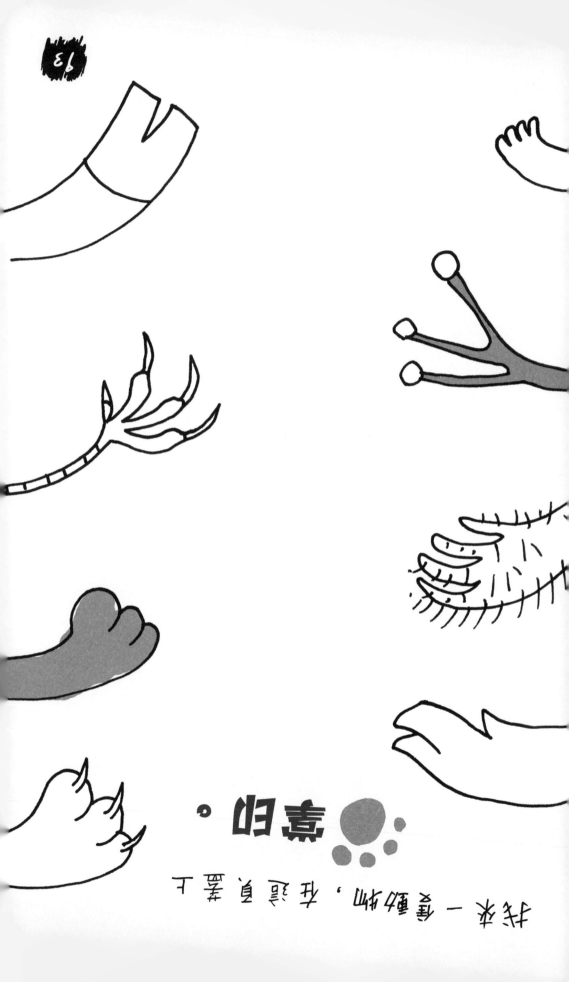

猜猜。

我来一个动物，我知道喔。

今天，換個 **反骨**
的方式吃三餐吧。

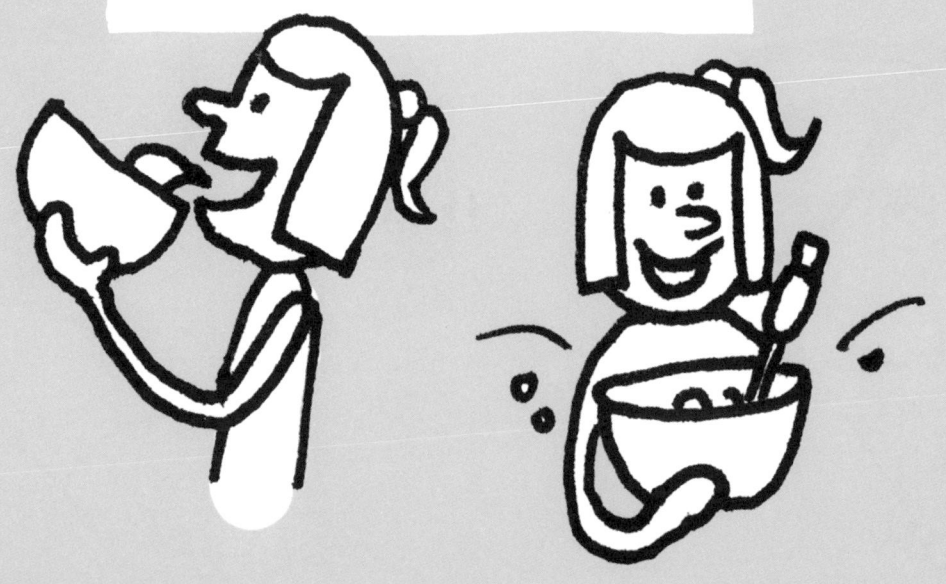

早餐：
先咕嚕嚕喝光碗裡的牛奶，
再吃乾的玉米穀片。

午餐：
坐的時候背對餐桌吃東西；吃的時候
也要反著拿。

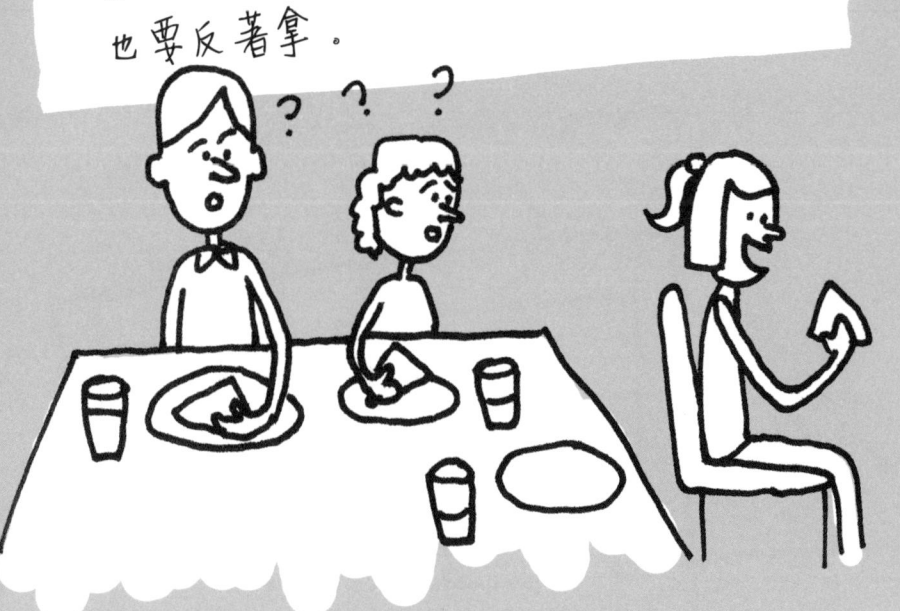

晚餐：
先吃甜點，然後是主餐，最後再來一
道前菜結束這一餐。

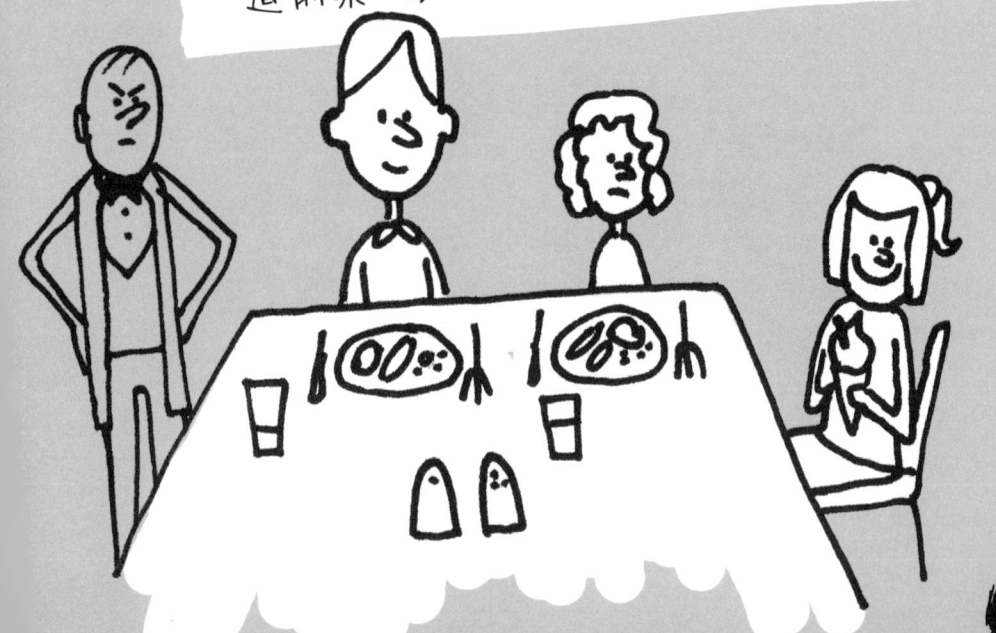

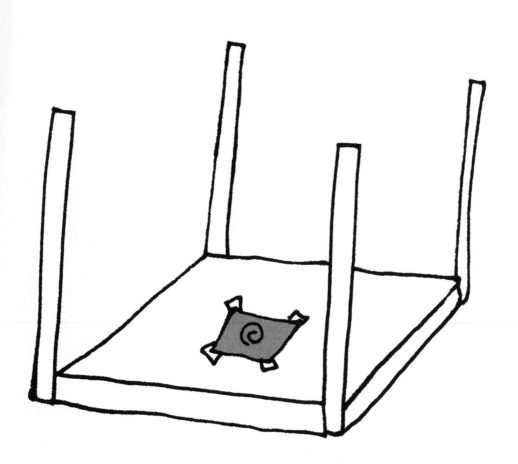

將這頁撕下來後貼在桌面底下，

然後躺在地上畫一幅

曠世佳作.

接著就等等看，
過多久才會有人發現它。

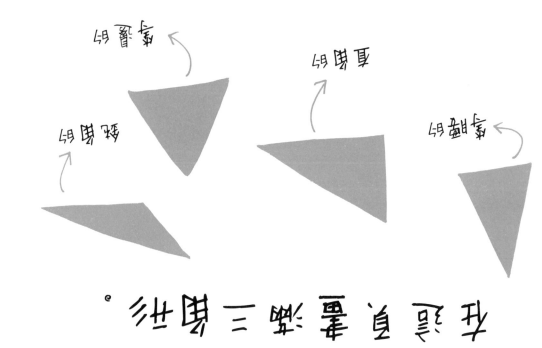

我還真會畫三角形。

試試看用
直線條
畫出一個
圓。

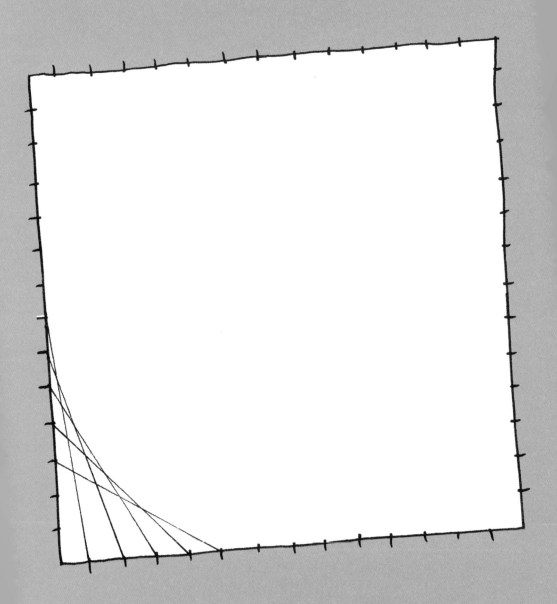

用第103到105頁的紙張
編織這一頁

①

剪開第103頁的虛線（不可以剪開邊緣）

②

剪下第105頁。

③

沿著虛線將第105頁剪成條狀。

④

將105頁的長條一上一下編進103頁。

⑤

把長條的邊緣黏合起來。

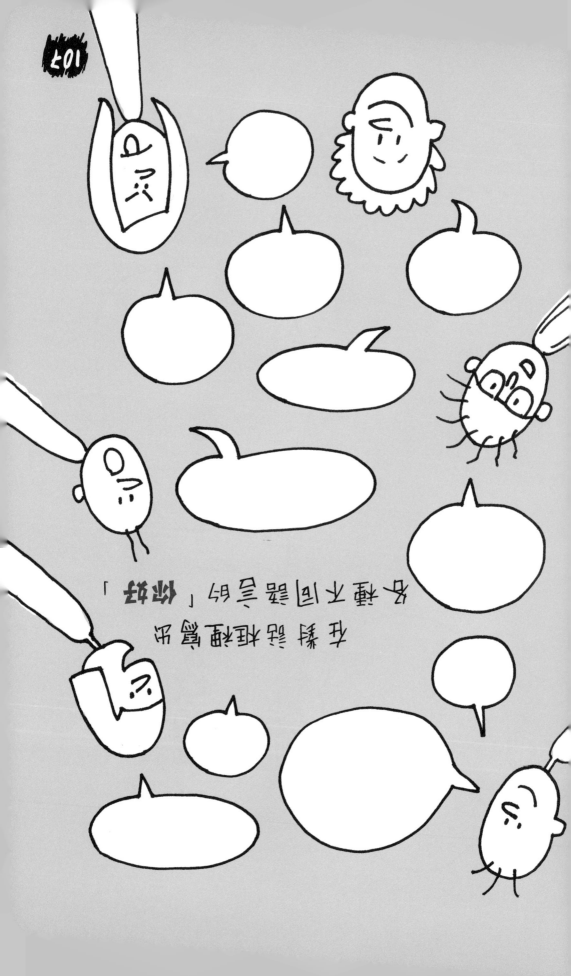

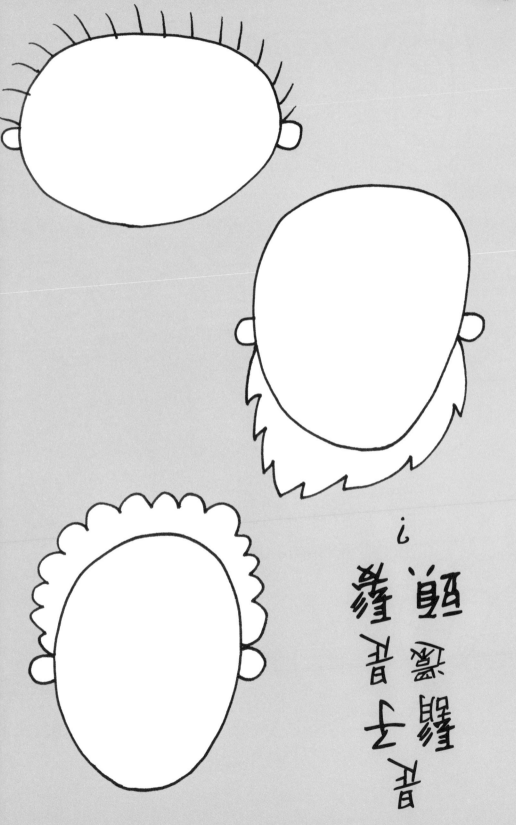

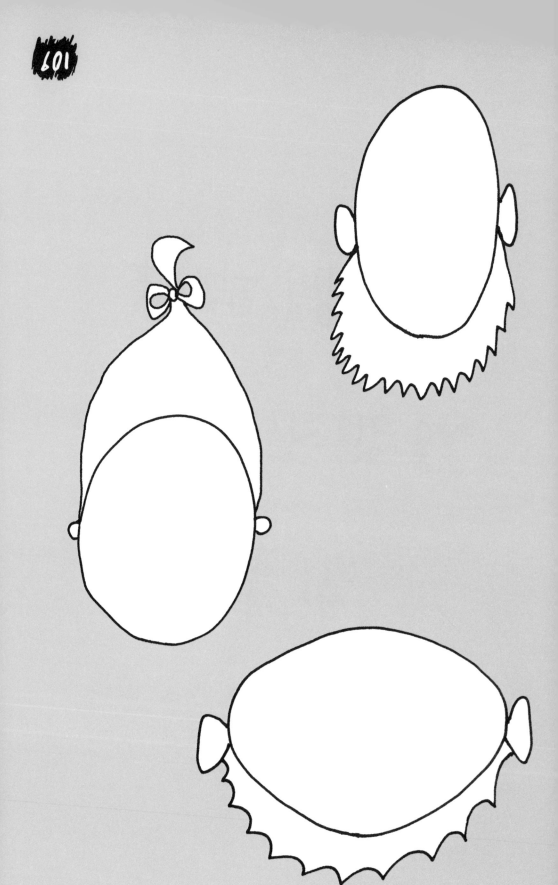

畫幅

自畫像，

但是不能讓

筆離開紙。

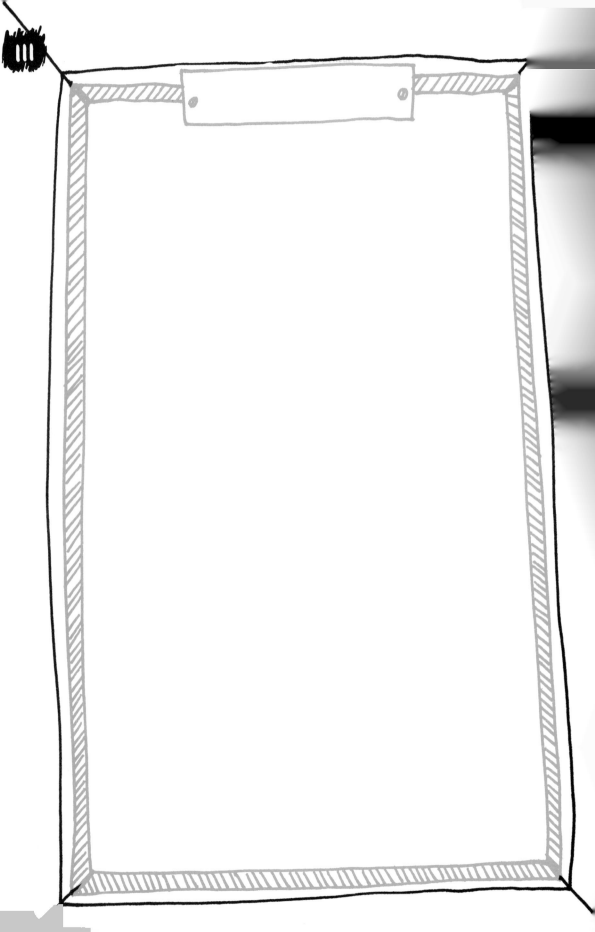

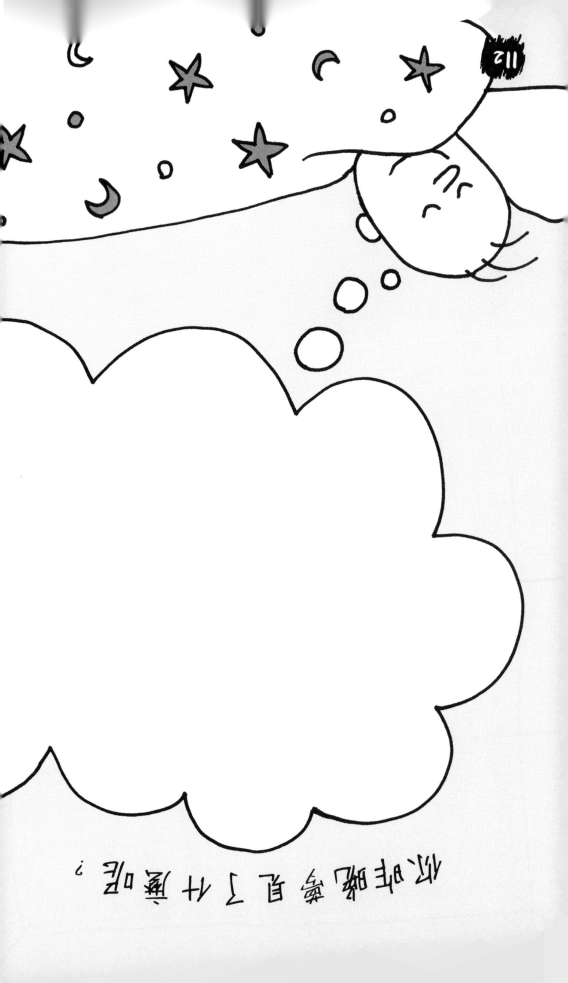

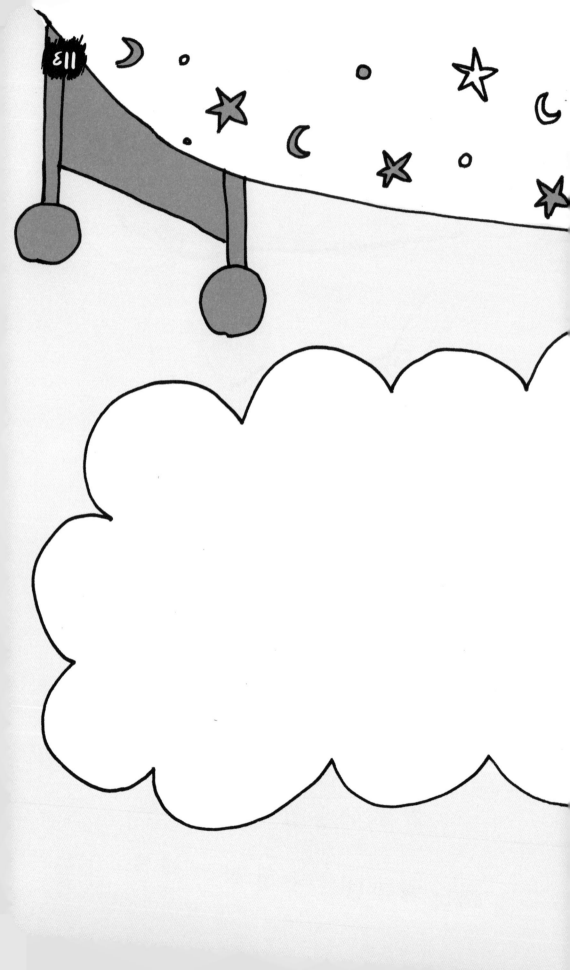

設計一棟房子，用迴紋針做出
房子的線條。

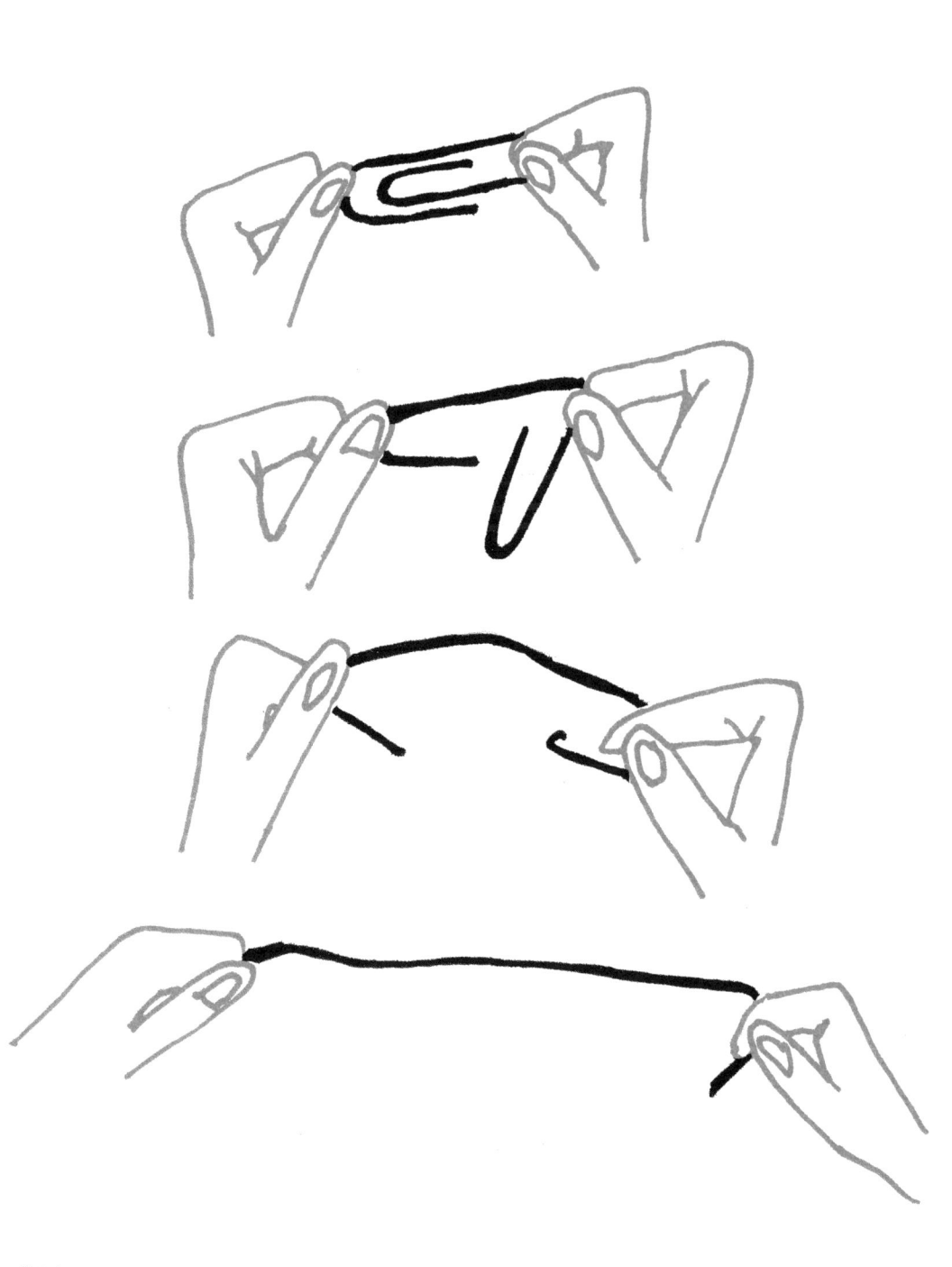

擠一些檸檬汁到碗裡，然後加幾滴水。拿棉花棒沾檸檬汁，用來寫下一則祕密訊息，乾了之後寫過的字就會消失不見。如果你已經準備好揭露這則祕密，只要把這頁放在燈泡上就行了。

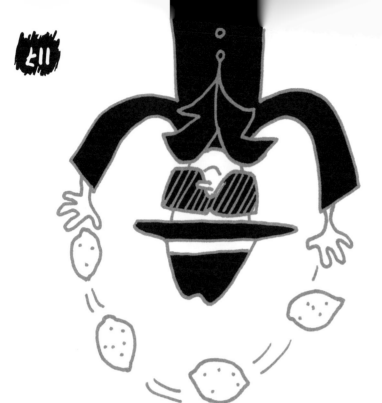

找個朋友一起玩#有趣囉。

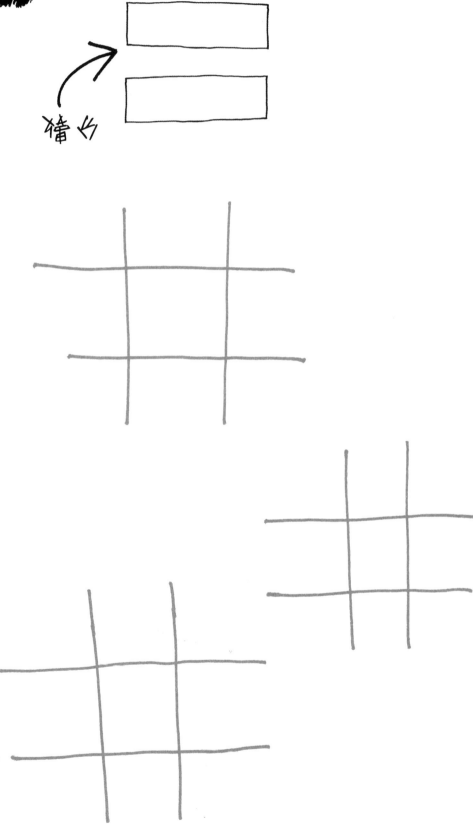

槍乓

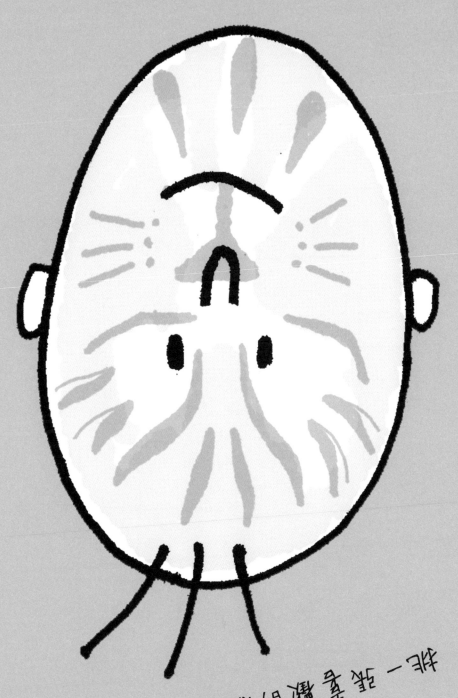

我一定要撐到放假，然後……睡死在床。

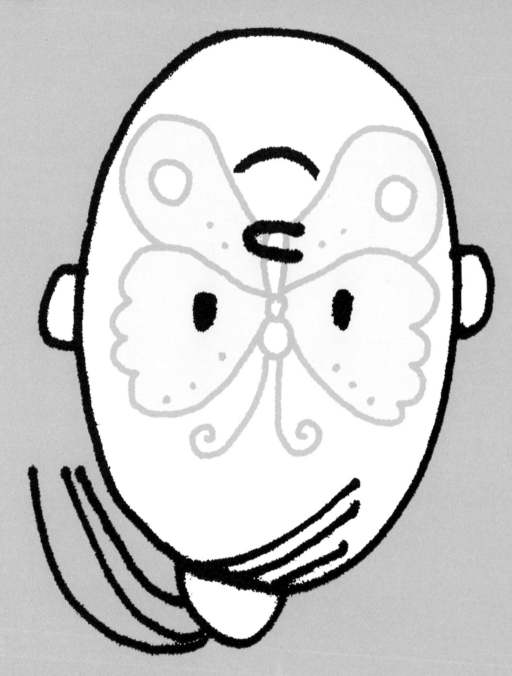

121

想看清楚我裝在臉上的蝴蝶圖案嗎？

倒數完成連連看。開始之前，先找出最大的數字是多少。

78
79
77 76
80 75 74 69
81 72 73
71 68 67
70
82
83 113 114 115 116
84
112
85 122
87 86 109 111
88 110 121
108
107
89
106 120
91 104
10 2 3
12 101 127 1
105 126 4
93 96 103 124
95 123 125
14 102 5
100
26
99 6
97 27 7 11
28 8 9 13
98 29 10 12 15
30 31 25 14 16
33 24 17 23
32 34 22
35 36

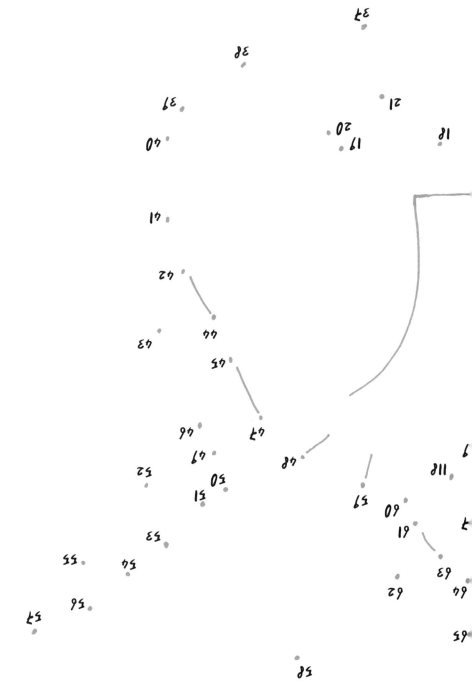

著色後剪下第125頁的形狀，
然後摺成盒子。告訴朋友你
放了恐怖的東西在裡面，看
他們敢不敢打開。

① 沿着虚线向下折。
② 沿着虚线摺起来。
③ 把每个缘圈上接着上胶水，黏起来。

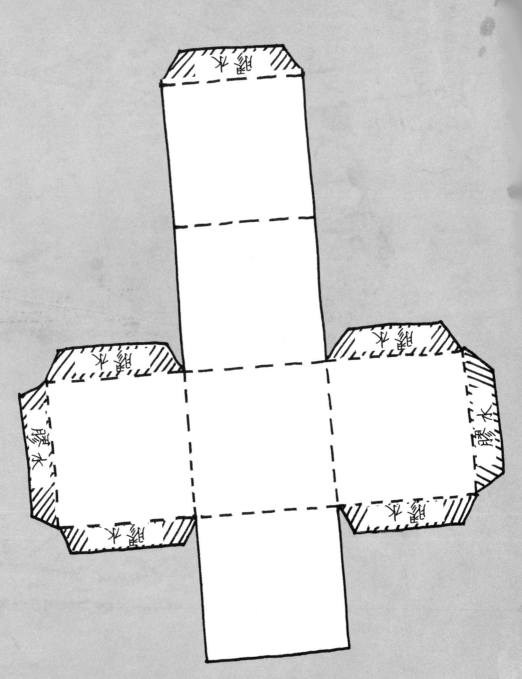

我看過你的檔案在上面記著名。

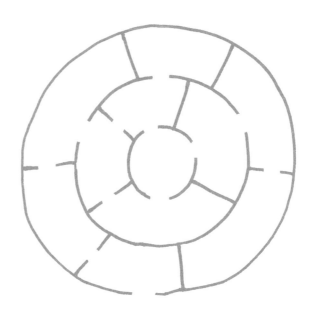

題畫 一個的身人口

也沒有出口的跨頁迷宮。

用力盯著這個跨頁看五分鐘，

你什麼事都聽他嗎？

用摩斯密碼寫出你買到或
收到這本KOOB的日期。

用摩斯密碼寫出你的生日。

用摩斯密碼寫出
74+22+11的答案。

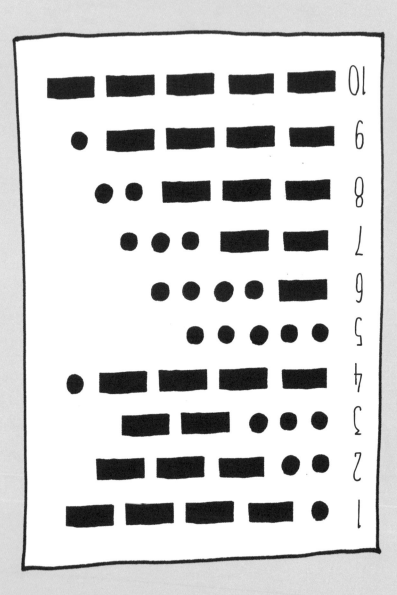

去找一面
蜘蛛網
黏在
這頁、。

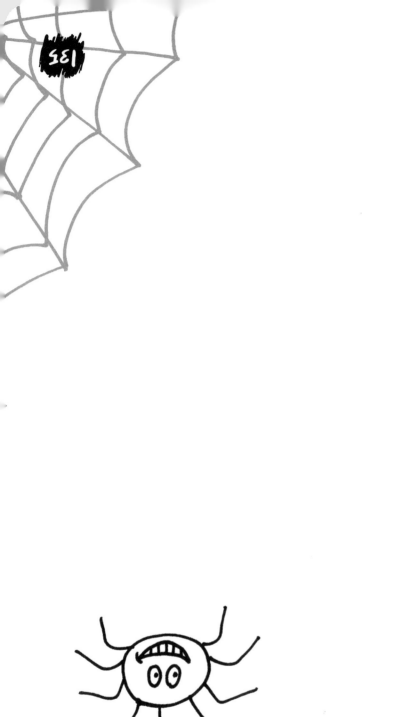
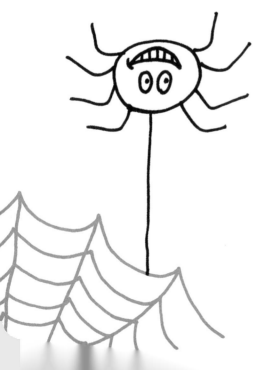
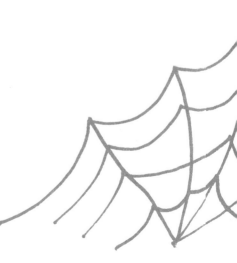

設計可以快轉也可以倒轉的場景，做出屬於你的手翻動畫書。

說明：

(1) 剪下第137頁的方格。

(2) 整齊堆成一疊後，用夾子固定。

(3) 從第一張方格到最後一張，畫出一組連續動畫。

(4) 從頭到尾，再從尾到頭快速翻閱，可以看到你的場景在快轉和倒轉播放。

媽上說了，跟K008玻璃心話著藥的豆腐
交換，用屋裡擺放記念情報回K008玻璃。

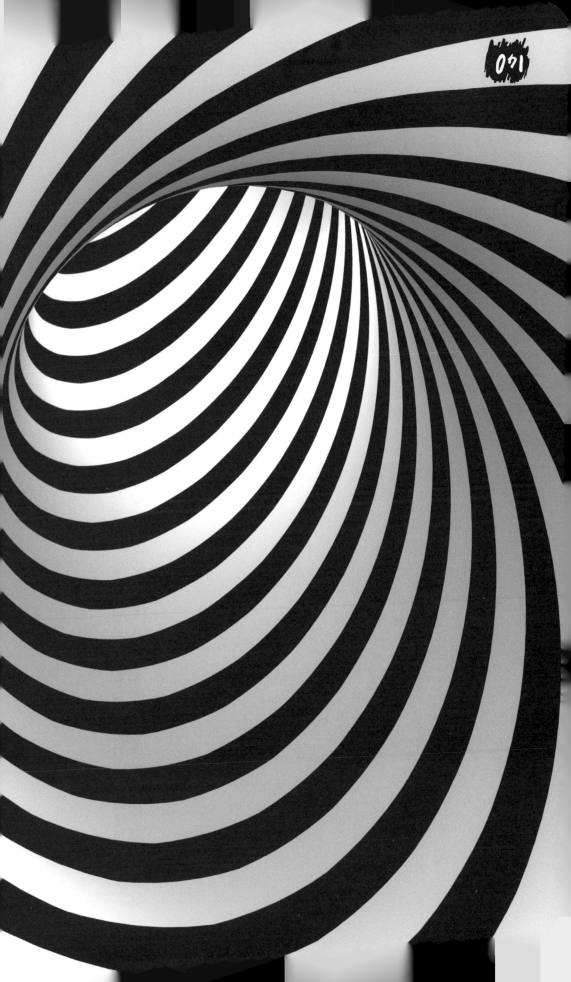

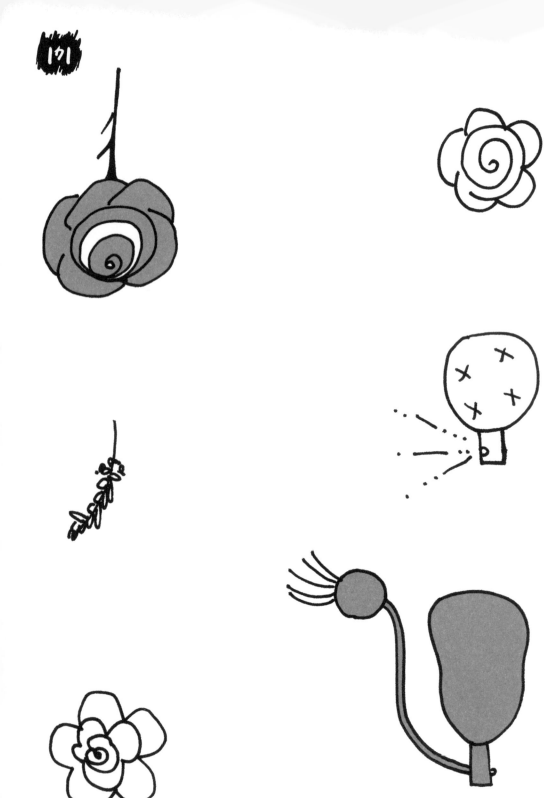

霧濛濛嘛真遮夢水，濃到看袂著前面的路。

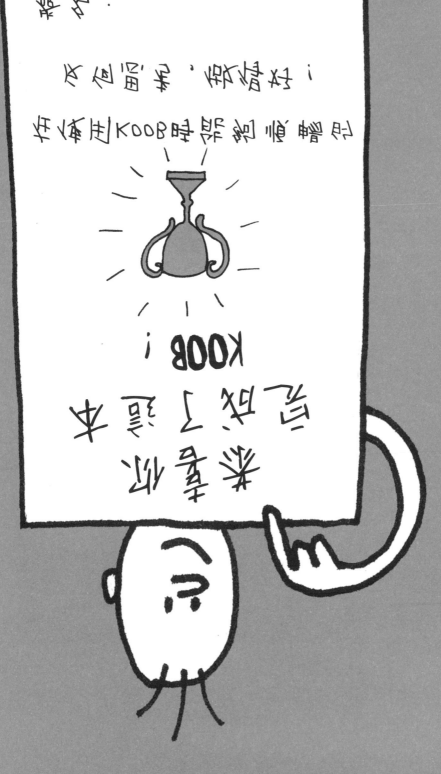

文｜安娜·布雷特 Anna Brett
圖｜艾爾·渥得 Elle Ward
主 編｜胡琇雅
譯 者｜林怡安
美術編輯｜李宜芝
董 事 長｜趙政岷
總 經 理

KOOB擁有者：＿＿＿＿＿＿＿＿＿＿＿＿＿＿＿＿＿＿＿
最棒的一頁：＿＿＿＿＿＿＿＿＿＿＿＿＿＿＿＿＿＿＿
最糟的一頁：＿＿＿＿＿＿＿＿＿＿＿＿＿＿＿＿＿＿＿
啟發我完成KOOB的朋友：＿＿＿＿＿＿＿＿＿＿＿＿＿＿
出 版 者｜時報文化出版企業股份有限公司
　　　　　10803台北市和平西路三段240號七樓
發行專線｜(02) 2306-6842
讀者服務專線｜0800-231-705 、(02) 2304-7103
讀者服務傳真｜(02) 2304-6858
郵　　撥｜1934-4724時報文化出版公司
信　　箱｜台北郵政79~99信箱
統一編號｜01405937
copyright © 2016 by China Times Publishing Company
時報悅讀網｜www.readingtimes.com.tw
電子郵件信箱｜ctliving@readingtimes.com.tw
法律顧問｜理律法律事務所 陳長文律師、李念祖律師
初版一刷｜2016年5月6日

Printed in Taiwan

恭喜你打 這本KOOB！

期待第一頁嗎？

看樣子

你還沒完全想通這個書名呢。

KOOB是本倒著來的書，所以使用前

請先翻到封底、把書轉正，

然後開始畫畫、裁剪、

黏貼、摺紙、亂塗

直到第一頁！